创新思维与创业教育

主　编　杜运夯　何荣军
副主编　李鹏飞　李章凤　龙　勇　李世光
参　编　潘　燕　袁明文　李　静　柳　娅　武　寅

机械工业出版社

本书以创新型人才培养为主线，以提高学生的创业能力为目标，从创新精神与创业思想、创业意识与创业环境、创新技法与创业筹措、创业计划与团队建立和创业透析五个方面，详细介绍了创新思维与创业间的关系。为提高本书的可读性，书中插入了大量的创新创业案例，可帮助学生更好地理解和掌握相关知识。

本书内容丰富、语言通俗、理论深入浅出，在注重系统性和专业性的同时，充分体现了"教、学、做"一体化，适合作为高职高专院校创新创业课程专用教材。

图书在版编目(CIP)数据

创新思维与创业教育/杜运夯，何荣军主编. —北京：机械工业出版社，2018.6（2025.1 重印）
ISBN 978-7-111-59815-2

Ⅰ.①创… Ⅱ.①杜…②何… Ⅲ.①创造性思维 – 研究②创业 – 研究 Ⅳ.①B804.4②F241.4

中国版本图书馆 CIP 数据核字（2018）第 075299 号

机械工业出版社（北京市百万庄大街 22 号　邮政编码 100037）
策划编辑：陈玉芝　　责任编辑：陈玉芝
责任校对：王　欣　　封面设计：张　静
责任印制：常天培
北京铭成印刷有限公司印刷
2025 年 1 月第 1 版第 7 次印刷
184mm×260mm・11.5 印张・281 千字
标准书号：ISBN 978-7-111-59815-2
定价：29.80 元

凡购本书，如有缺页、倒页、脱页，由本社发行部调换

电话服务	网络服务
服务咨询热线：010-88379833	机 工 官 网：www.cmpbook.com
读者购书热线：010-88379649	机 工 官 博：weibo.com/cmp1952
	教育服务网：www.cmpedu.com
封面无防伪标均为盗版	金　书　网：www.golden-book.com

前言

党的十八大以来，党中央多次提出实施扩大就业的发展战略和培养创新型人才的教育计划。就业是民生之本，创业作为解决就业的有效途径，一直是党中央指导就业工作的着眼点。而且，全球化、信息化以及知识经济时代的到来，为创业者提供了前所未有的契机。

古希腊哲学家、教育家苏格拉底曾说过："教育不是灌输，而是点燃火焰。"我国教育学家陶行知也曾说过："处处是创造之地，天天是创造之时，人人是创造之人。"通过促进传统人才培养模式的创新和转变，在全面推进素质教育，提高教育质量的同时，以创新促创业，以创业带动就业也是一种有效途径。为此，各职业院校加大了创新创业教育力度，开设了创新创业课程。本书即是为创新创业课程编写的专用教材。

本书的主要特点体现在以下几个方面：

（1）语言通俗易懂。全书采用通俗的语言，多以简单明了的字眼，深入浅出地介绍了创业及创新的方法、技能等内容。

（2）可操作性强。尤其在讲解创新、创意思维训练等相关内容时，用较多的图片和引导性文字介绍思维的训练方法，使学习者能够一看就懂，并能通过本书的引导完成课外的练习。

（3）案例丰富。我们深知理论的枯燥，所以在讲述时，采用大量的案例进行佐证，帮助读者在阅读别人故事的同时，思考"如果是我会怎样？"的问题。

本书由云南能源职业技术学院杜运夯、重庆工程职业技术学院何荣军任主编，云南能源职业技术学院李鹏飞、李章凤、龙勇、李世光任副主编，编写人员还有潘燕、袁明文、李静、柳娅和武寅。具体编写分工为：第1章、第5章由杜运夯和何荣军编写；第2章由杜运夯、李鹏飞、龙勇、潘燕和袁明文编写；第3章由何荣军编写；第4章由李章凤、李世光、李静、柳娅和武寅编写。

本书在编写过程中采用了大量创业者、企业家及厂商的案例，在此表示感谢。由于时间紧迫，加之研究能力和写作水平有限，难免有不足和疏漏之处，恳请广大读者提出宝贵意见和建议，以便再版时修改和完善。

编　者

目 录

前 言
第1章 创新精神与创业思想 ... 1
1.1 创新精神 ... 1
1.1.1 创新的概念 ... 1
1.1.2 创新精神的构成要素 ... 9
1.1.3 创新精神的内涵 ... 12
1.1.4 创新的来源 ... 14
1.2 创新思维的培养 ... 18
1.2.1 创新思维的特质 ... 18
1.2.2 常用的创新思维方式 ... 21
1.2.3 创新思维的障碍 ... 26
1.2.4 克服思维障碍的途径 ... 27
1.3 创意方法及创意能力训练 ... 30
1.3.1 创意方法 ... 30
1.3.2 创意能力训练 ... 32
1.4 创新思想与选择行业 ... 37
1.4.1 了解个人特质 ... 37
1.4.2 专门化原则 ... 39
1.4.3 集中目标原则 ... 40
1.4.4 兴趣至上原则 ... 40
1.4.5 谨慎选择原则 ... 40
1.4.6 行业选择关键 ... 41
【扩展阅读】粘钩王——粘得天下 ... 41

第2章 创业意识与创业环境 ... 43
2.1 创业意识 ... 43
2.1.1 创业者与创业 ... 43
2.1.2 创业意识 ... 45
2.1.3 创业意识的培养 ... 47
2.2 大学创业准备 ... 49
2.2.1 树立创业观念 ... 49
2.2.2 具备创业能力 ... 51
2.2.3 大学生创业准备 ... 53
2.3 创业过程与创业阶段 ... 55
2.3.1 创业过程 ... 55

  2.3.2 创业阶段 ··· 56
 【扩展阅读】掉渣饼的灿烂一瞬间 ··· 60

第3章 创新技法与创业筹措 63
 3.1 创新技法 ··· 63
  3.1.1 创新技法的特点与分类 ··· 63
  3.1.2 设问法 ··· 66
  3.1.3 列举法 ··· 80
  3.1.4 组合法 ··· 85
  3.1.5 移植法 ··· 90
 3.2 创业资金筹措 ··· 93
  3.2.1 资金筹措方法 ··· 93
  3.2.2 融资方式的选择原则 ··· 94
  3.2.3 无资本创业 ··· 96
 【扩展阅读】最低的风险就是最大的成功 ··· 97

第4章 创业计划与团队建立 98
 4.1 创业计划 ··· 98
  4.1.1 创业计划的作用及基本结构 ··· 98
  4.1.2 创业长期计划 ··· 104
  4.1.3 形成计划的步骤 ··· 106
  4.1.4 计划的可行性评估 ··· 108
 4.2 组建创业团队 ··· 109
  4.2.1 创业团队及其构成 ··· 109
  4.2.2 创业团队的组建 ··· 112
  4.2.3 创业团队的管理 ··· 114
 4.3 小企业组建 ··· 120
  4.3.1 组建创业团队 ··· 120
  4.3.2 筹措创业资本 ··· 121
  4.3.3 经营场所选择 ··· 123
  4.3.4 组织机构确立 ··· 125
 【扩展阅读】志同道合的创业团队 ··· 126

第5章 创业透析 128
 5.1 创业的动机、利弊与条件 ··· 128
  5.1.1 创业的动机 ··· 128
  5.1.2 创业的利弊 ··· 131
  5.1.3 创业的条件 ··· 132
 5.2 创业机会识别 ··· 133
  5.2.1 创业机会概述 ··· 133
  5.2.2 创业机会类型 ··· 136
  5.2.3 机会识别的方法 ··· 138

5.2.4　机会发现者的个性特征 ………………………………………………………… 141
5.3　知识经济体下的创业机会 ………………………………………………………………… 143
　　5.3.1　知识经济的概念 …………………………………………………………………… 143
　　5.3.2　知识经济的特征 …………………………………………………………………… 144
　　5.3.3　知识经济时代的创业特征 ………………………………………………………… 148
　　5.3.4　知识经济时代的创业模式 ………………………………………………………… 149
5.4　识别创业资源 ……………………………………………………………………………… 150
　　5.4.1　创业资源的种类 …………………………………………………………………… 150
　　5.4.2　创业资源获取的途径与影响因素 ………………………………………………… 151
　　5.4.3　创业资源的开发 …………………………………………………………………… 152
　　5.4.4　利用与整合资源 …………………………………………………………………… 156
　　5.4.5　创业资源的投入控制与开发 ……………………………………………………… 158
5.5　创业风险的剖析 …………………………………………………………………………… 160
　　5.5.1　创业风险 …………………………………………………………………………… 160
　　5.5.2　创业风险分类 ……………………………………………………………………… 163
　　5.5.3　创业风险来源 ……………………………………………………………………… 163
　　5.5.4　创业风险评估 ……………………………………………………………………… 166
　　5.5.5　创业风险规避 ……………………………………………………………………… 168
　　5.5.6　风险承担能力和收益预估 ………………………………………………………… 172
【扩展阅读】张弼士与张裕葡萄酒 ……………………………………………………………… 175
附录　国家政策中有关大学生创业的内容 ……………………………………………………… 176
参考文献 …………………………………………………………………………………………… 178

第1章 创新精神与创业思想

创新既是民族进步的灵魂，又是国家兴旺发达的动力。

人类发展史是一部不断征服自然、改造自然的创新史，社会的进步离不开创新。作为社会未来发展中坚力量的大学生，认识创新、学习创新、提高创新能力是社会发展、自我突破的必要过程。

> **学习要点：**
> [1] 了解创新与创新思维的概念。
> [2] 克服创新思维的障碍，学会从不同的视角思考问题。
> [3] 掌握从创新思维到创业的转换过程。

1.1 创新精神

1.1.1 创新的概念

创新是近几年来出现频率最高的词语之一。到底什么是创新呢？

创新可以是开发新事物的过程，也可以是从新想法加创造力到形成新事物的过程。创新既包括从无到有的创造，也包括一切相较既有的东西具有新形式、新内容的新东西。所以，广义的创新可以体现为工艺创新、材料创新、市场创新、管理创新，也可以是非技术内涵的创新，比如制度创新、政策创新、文化创新等。

创新的形式和类型各不相同，并且在不同事物上又有不同的体现。下文我们将对每种创新做仔细的讲述，从而可以更清楚地理解创新的整体意义。

1. 创新的形式

（1）产品创新　在现如今的消费市场，每一款产品都有创新点。

【案例】乔布斯对苹果手机的创新

> 在没有苹果手机以前，我们对手机的认识是，小小的屏幕紧挨着密密麻麻的键盘。无论是诺基亚、三星还是摩托罗拉，对产品创新都体现在如何缩小键盘、如何更

好地展示屏幕色彩，但苹果公司的出现，确切地说是乔布斯的出现，彻底改变了手机的外形。

2007年，苹果新品发布会上，乔布斯推出了第一代苹果手机，如图1-1所示。

乔布斯在发布第一代iPhone手机时曾说："iPhone是一个富于革命性的产品，比目前所有手机要领先5年。"

乔布斯推出的iPhone手机，完全不同于市场上流行的全键盘智能手机，这款手机完全通过滑动、点击来控制屏幕，流畅的用户体验震惊了世界，一经推出，iPhone手机就点燃了人们的购买热情。

图1-1 2007年苹果公司推出的iPhone手机

就在诺基亚、摩托罗拉还在思考着如何将键盘缩小时，乔布斯用他前所未有的创新意识，拿掉了键盘，采用了更加简洁的"点控"式操作方法。而且为了让手机运行更加流畅，iPhone首次加入了电容触控理念，并且革命性地将多点触控功能也融入其中。更多的产品创新点，使iPhone手机一跃成为当时最受欢迎的电子产品。

从商业角度来说，产品创新作为产品的卖点，充分调动了消费者的购买欲。这已经是目前企业常用的策略之一。有3种常用的创新方式：

① 求异。

求异，就是追求和其他竞争品不同的思维，对象可以是技术含量较高的电子产品，如上文案例中的手机；也可以是体现创意的小商品。

【案例】 义乌小商品的创新

说到小商品，我国更新速度最快、成交量最高的就是浙江义乌小商品城。在经过质低价廉时期后，如今的义乌紧抓产品创新，比如说小小的头花也需要不断的创新，如图1-2所示。

对于头花，想必很多人，尤其是女同学应该都见过，甚至还用过。它的制作非常简单，只是在固定条外包了一层装饰布，但这就是产品创新的体现。

这种头花，不但使用方便、价格低廉，而且还有多种用法。这样的饰品在如今越来越推崇个性、时尚的潮流中深受青年女性的欢迎。

图1-2 头花

由此可见，只要符合用户价值，只需小小一点的求异创新，就能打造出具有创新性的产品。

② 逆向思维。

逆向思维就是以现有产品或者现有的传统产品为模型进行逆向思考。

【案例】逆向思维趣味题

> 有四个相同的瓶子，怎样摆放才能使其中任意两个瓶口的距离都相等呢？可能我们琢磨了很久还找不到答案。那么，办法是什么呢？
>
> 原来，把三个瓶子放在正三角形的顶点，将第四个瓶子倒过来放在三角形的中心位置，答案就出来了。把第四个瓶子"倒过来"，多么形象的逆向思维啊！

【案例】产品创新的逆向思维

> 某时装店的经理不小心将一条高档呢裙烧了一个洞，导致其身价一落千丈。如果用织补法补救，也只是蒙混过关，欺骗顾客。这位经理突发奇想，干脆在小洞的周围又挖了许多小洞，并精心修饰，将其命名为"凤尾裙"。一下子，"凤尾裙"销路顿开，这一逆向思维给时装店带来了可观的经济效益。
>
> 无跟袜的诞生与"凤尾裙"异曲同工。因为袜跟容易破，一破就毁了一双袜子，商家运用逆向思维，试制成功无跟袜，创造了良好的商机。

逆向思维的核心点是基于用户需求更深层次的思考。

【案例】反复印机

> 由于日本的自然资源很贫乏，因此日本人十分崇尚节俭。当复印机大量吞噬纸张的时候，他们把一张白纸正反两面都利用起来，一张顶两张，节约了一半。日本理光公司的科学家不以此为满足，他们通过逆向思维，发明了一种"反复印机"，已经复印过的纸张通过它以后，上面的图文消失了，重新还原成一张白纸。这样一来，一张白纸可以重复使用许多次，这样不仅节约了资源，而且使人们树立起新的价值观：节俭固然重要，创新更为可贵。

③ 破坏性。

破坏是对产品整体进行重构，分解到每一个用户需求点，再进行整合重组的创新思维方式。破坏创新是对现在产品市场不满意的结果，说明用户价值没有很好地挖掘出来，用户深层次的需求远远不止现在所看见的。

【案例】五谷道场破坏性创新

> "怎样才能击败强大的竞争对手？"2002年，中旺集团创始人王中旺上马五谷道场"非油炸"方便面项目时，肯定是绞尽脑汁解答这个问题。而王中旺选定的战略突破点："非油炸"，不仅颇有想象，而且有反传统的破坏性。

> 王中旺采取了打破游戏规则、进行破坏性创新的策略。至少，在品牌传播上，王中旺的反传统模式是成功的。2005年11月，五谷道场打出"拒绝油炸，留住健康"的广告，一下子引起广泛关注。但是，这一带有挑衅性的广告也招来方便面企业的声讨，认为五谷道场的广告涉嫌诋毁其他油炸方便面生产商，属于不正当竞争行为，后来，五谷道场专门修改了广告。
>
> 有人认为五谷道场的"非油炸、更健康"并不是针对方便面的真实需求，只是一种虚假需求。同为非油炸即食产品的白家方便粉丝公共关系部主任胡远强认为，非油炸可以是一个营销概念，但当作一个核心卖点就走错了，方便食品最打动消费者的不是营养安全，而是美味和充饥。
>
> 五谷道场的破坏性的反游戏规则的创新，在当时看来，也是颇有效的。

（2）服务创新　服务创新表现为新的服务应用，它和产品创新一样重要，却常常被忽视。服务创新通常体现为用一种新的方式提供服务，如通过一种完全不同的服务模式，有时甚至能创造出一种崭新的服务。

【案例】"直线"电话保险业务

> "直线"电话保险业务是服务创新的一个例证。早期，保险业务是通过门店、上门推销、邮递或者保险经纪人等方式来拓展业务的。但是，"直线"电话保险业务的创始人彼得·伍德意识到，只要有合适的在线服务（如互联网或保险求救电话），就完全可以把当中那些成本高、见效慢的中间过程精简掉，直接在电话中与客户交易。
>
> 因此，在国外普及较好的电话保险业务，在国内也被普及开来。首次使用"电话业务"的是移动话务服务业，他们通过电话与客户直接沟通，进而推销商品。

【案例】宜家——让购物更快乐

> 服务竞争是当今企业竞争的焦点。在实践中，各类企业成功的原因各不相同，但大都有一个共同的特点，就是提供优质客户服务，以提高客户的满意度与忠诚度，从而获取长远与稳固的竞争优势，最终使企业得以延续和发展。
>
> 宜家（IKEA）是一家跨国家具和家居用品零售商，成立于1943年，总部位于瑞典。宜家从最初仅有一人的邮寄公司发展到今天遍布全世界42个国家，拥有180家专营店、7万多名员工的大型跨国集团，年接待顾客2亿人次，销售额年平均增长率达到15%。2000年，宜家在全球的销售额达到690亿克朗，2001年的销售额为940亿克朗，2003年超过1044亿克朗。
>
> 在家具业这个几乎没有企业可以拓展到自己国家以外的行业，宜家所实现的成功究其原因，创新服务功不可没。

附属设施，提升服务好感

宜家商场一般都建在城市的郊区，在商场内还有一些附属设施，如咖啡店、快餐店和小孩的活动空间。如果顾客累了，可以在幽雅闲适的宜家餐厅点一份正宗的欧式甜点，或者一杯咖啡，甚或只是小憩一会儿，没有人会打扰你。经营这些餐厅，宜家可不单单是为了盈利，为顾客营造一次难忘的购物经历，才是宜家的真正目的。

烘托气氛，创造美的享受

在卖场气氛营造上，宜家可谓是煽情的高手。到过宜家的人，没有一个不觉得清新，宜家要传递的正是"再现大自然，充满阳光和清新气息，朴实无华"的清新家居理念。宜家擅长于"色彩"促销，在重大节日将至的时候，宜家更似沉浸在色彩的海洋之中。

家具毕竟不同于一般的消费品，顾客购买决策会颇为慎重，需要有一个说服自己的缓冲时间，宜家在给消费者提供舒适、温情、轻松、休闲之余，也为顾客开辟了一个思考决策的空间。在这样良好的环境里顾客自然愿意多待一会儿，多待一会儿就会多挑选几样东西。

体验式营销，把握消费心理

宜家鼓励顾客在卖场"拉开抽屉，打开柜门，在地毯上走走"，或者试一试床和沙发是否坚固。这种营销服务手段被业内人士称为"体验式营销"或"朋友式营销"，包括消费者免费试用产品，无条件退换，对产品进行破坏性实验等。在睡眠者日，宜家给300多人提供在商店内过夜来试验新型宜家床垫，如果试验者第二天买了被试验的床垫，即可以给十分优惠的折价。

拒绝主动服务，减少服务成本

宜家规定其门店人员不得直接向顾客推销，而是任由顾客自行体验来决定，除非顾客主动咨询。在宜家商场的入口处，为顾客提供产品目录、尺、铅笔和便条，帮助顾客在没有销售人员的情况下做出选择。宜家认为，对于顾客来说这些已经足够，售货员的全程"陪同"无非是在顾客需要时提供同样的信息和一些顾客不需要的东西。这样的服务方式除了使顾客有一个更轻松自在的购物经历、增加了从购物过程中所获得的满足感和成就感，也降低了对销售人员的需求，降低了销售费用。

其实，在很多时候，比别人差的并不是资金和硬件能力，更多的是头脑中的创意。头脑中有了创新的意识，才能找出适合企业自身的创新服务举措，从而使企业不断焕发出蓬勃的生命力。

(3) 工艺创新　工艺创新对社会的影响是极其重大的，比如瓦特发明了蒸汽机，但是由于蒸汽机汽缸等精密零件的加工精度达不到要求，无法推广应用。一直到镗床的出现，解决了精密汽缸的加工工艺，使蒸汽机的大批量生产成为可能，才使蒸汽机进入实用阶段，从而引发了第一次工业革命。

通过此例可以看出，尽管工艺创新的知名度没有前两种创新高，但对社会产生重大影响的工艺创新比比皆是。

【案例】我国不可取代的定型工艺

> 昆仑机械厂被称为我国电解加工的发源地。20世纪50年代电解加工在国外开始兴起时,昆仑机械厂当时的总工程师获悉后敏锐地看到该新工艺对于解决军工生产中难加工问题的可能性,立即组织了强有力的试验班子,在全厂一定范围内为之开绿灯。在没有图样、缺乏资料的条件下开始创业。试验班子的技术员和工人吃在车间、睡在车间,夜以继日地奋战。完成设备改装后很快投入应用研究,一举拿下深孔抛光、膛线、花键一次成型。他们研制的三面进给阴极获得了3项国家发明奖。
>
> 然而,因为产品图样是按传统的机械加工设计的,膛线槽型是尖棱尖角的,而电解加工的结果是槽底圆滑过渡。尽管从消除应力集中等方面看绝对是合理的,但是军工产品的检验必须严格按图样执行,这造成很长一段时间"扯皮",难以通过验收。这位总工程师及厂领导班子继续坚定支持这项新工艺,坚持做寿命试验和其他性能试验,结果证明电解加工膛线的炮管明显优于传统机械加工,经过反复试验,终于得到了的认同,列入正式工艺。
>
> 此后,电解加工很快在全国推广,成为兵器、航空、航天、动力工业某些关键零件加工中不可取代的定型工艺。

今天,类似的生产革新还在继续,比如电子商务的普及大幅减少了纸质文件和文字操作的需要。尤其像航空公司和保险公司,对于网上订购的客户提供折扣优惠,因为网上交易意味着减少用纸、节约成本。

2. 创新的类型

创新可以是巨大的改变,也可以是更趋完善的改进。其中一种区分的方法就是根据变革的程度把创新分成激进式创新和渐进式创新。

但是,只用这两种类型来区分并不能精确地描绘出各种创新间微妙的差别。尤其是这种分类法还不能显示出创新中的"新"意。为此,亨德森和克拉克采用了一种更为复杂的分析方式。该分析的框架核心就是将产品作为一个系统,然后由各个组件配合而成,比如:钢笔=笔头+墨水管+笔杆+笔帽,由此可知系统各个部分的相互作用。

亨德森和克拉克还指出,制造一个产品一般需要两种完全不同类型的知识:一是组件知识,如了解每个组件如何在产品整体系统中发挥功效,这些知识构成了组件的"核心设计理念";二是系统知识,如了解如何将组件融合和连接在一起,这些知识涉及系统是如何运作的,以及各个组件是如何配置在一起工作的,亨德森和克拉克将它称作"结构知识"。

亨德森和克拉克根据组件知识和系统知识的区分,把创新分成四种类型,见表1-1。

表1-1 创新的四种类型

创 新	组 件	系 统
渐进式创新	改进	未改变
模组创新	新	未改变
建构创新	改进	新配置/新构造
激进式创新	新	新配置/新构造

(1) 渐进式创新　渐进式创新是将现有的设计在组件上精益求精,再做改进。很重要的一点是只做改进,不做改变,即组件没有发生很大的变化。克里斯滕森是这样定义渐进式创新的:改变是在结构不变的基础上,运用企业的专长在组件技术上做进一步提高。

渐进式创新是最为常见的,知识不断增长,原料不断变化,产品和服务会越来越好。但是,这种创新改变的只是组件,而不是系统本身。

【案例】 腾讯 QQ 的渐进式创新

腾讯 QQ 是目前我国使用非常广泛的即时聊天软件之一。腾讯公司成立于 1998 年 11 月 11 日,1997 年,马化腾接触到了国外的一款名为 ICQ 的软件,几经改进,于是有了今天的 QQ 软件,如图 1-3 所示。

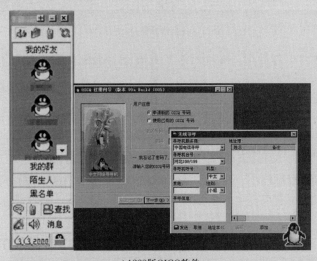

a) 1999版QICQ软件

b) 2004版QQ软件

图 1-3　QQ 版本变化情况

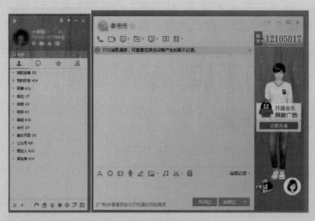

c) 2017版QQ软件

图 1-3　QQ 版本变化情况（续）

从第一个 QQ 版本到现在，腾讯发布了数百个 QQ 版本，这其中当然有大的重构和功能的革新，但更多的是遍布在小版本中的渐进式创新。

（2）激进式创新　激进式创新不是只对现有的设计进行改良，而是完全诞生一个新的设计，用更好、更全的组件进行全新的配置。亨德森和克拉克是这样描述激进式创新的：激进式创新创造了一个新的主导设计，其中融入了一套全新的设计理念，形成了全新的结构。

激进式创新的比例相对较小，可能只有 10% 的创新属于激进式创新。激进式创新常常会伴随着新技术的出现而出现，见表 1-2。

表 1-2　激进式创新

激进式创新	技　　术	对社会的影响
电话	电信	大众通信的新方式
喷气式飞机	喷气式发动机	交通出行的新方式
电视	传播技术	更形象、易接受的传媒技术
个人计算机	微处理器	全面改变各行各业的新技术

由表 1-2 可见，有些时候，激进式创新能够带来翻天覆地的巨大变化。

激进式创新是破坏性的改变，是一种颠覆式的创新，会创造出前所未有的、令人难以想象的可能性。所以在历史上，这种创新会让既定的规则制定者感到恐惧，然后会竭力压制这种创新，但是要想让社会和经济想保持活力，这种创新又是必不可少的。

（3）模组创新　模组创新仍然沿用产品系统中原有的结构和配置，但更换了新的设计思路。

模组创新与渐进式创新有相似之处，都是不完全改变现在的设计，只在部分组件上做出更新，但模组创新的最大特点是采用了新的组件，甚至采用新的科技。运用新科技到新组件上，并改变运行方式，但大的系统结构或配置并未发生变化的，即可以认为是模组创新。

（4）建构创新　亨德森和克拉克指出：建构创新是将原有系统中的组件进行重新整合，用一种新的方式将这些组件集成在一起。这并不是说组件一点也不发生改变，但变化不会太大，而且仍旧还像往常一样发挥它们应有的性能，只是在一个新的设计和新的配置系统中工作。

【案例】 随身听的创新

1979 年 3 月，索尼公司制造了世界上第一台随身听，如图 1-4a 所示。

a) 世界上第一台随身听　　　b) 索尼公司推出的　　　c) SAEHAN公司推出了世界上第一台
　　　　　　　　　　　　　　 Discman随身听　　　　　 MP3播放器MPman F10

图 1-4　随身听的变革

随身听的出现不仅标志着便携式音乐理念的诞生，更推出了耳机文化。从创新类型上讲，这属于激进式创新，是一种从无到有的过程。

到了 1984 年，索尼公司又推出了 DISCMAN，是以模拟录音方式出现的磁带式随身听。这种全新的录音方式在音质方面可以说是无人能及的。对于当时的人们来说，很难想象原来 CD 也可以做出这么小的体积，如图 1-4b 所示。

相比之前的产品，索尼公司此次的更新可以说是建构创新。索尼公司仍在此类产品的基础上研发着新的产品，但创新并不等人，1998 年，韩国 SAEHAN（中文称为世韩）公司推出了世界上第一台 MP3 播放器 MPman F10，如图 1-4c 所示。MP3 播放器的设计创意来自 MD，不过它摆脱了传统的机械式结构，在存储介质的选择上选择了拥有更多发展潜能的闪速存储器。

此后，MP3 霸占了随身听市场，而消费者则被这种音质出众、外形靓丽、功能强大的新时代随身听所倾倒。

需要注意的是，这四种创新没有一种与其他类型有着严格区分，它们之间有一定交叉重叠的部分存在。

1.1.2　创新精神的构成要素

精神是人在与外部世界的交往中产生的各种心理反应，它可以调节和控制人的行为，从而影响和改变外部世界。因此，可将创新精神定义为人在创新活动中反映出来的精神素质，包括意识、思维、情感、意志和个性等。创新精神可以为创新活动提供动力和具有导向作用的非智力性心理品质，比如勇于开拓新世界、不断探索、不怕风险和失败等，最终影响和决定创新活动的结果。

创新精神从结构上可以分解为五个要素，如图 1-5 所示。

图 1-5　创新精神的构成要素

1. 创新意识

创新意识是以创新为荣、推崇创新、追求创新的观念，反映了创业者对于创新的认知水平和自觉、主动创新的倾向。创新意识可以分为三个层面：

一是创业者对创新的意义、性质等有充分的认知。

二是创业者在认知基础上产生了对创新的渴望和需求。

三是创业者从对创新的意识渴求升华为行动渴求，进而产生创新动机。

因此，创新动机表现为强烈的求知欲、好奇心和创造欲，使创业者体现出敢想敢干、不愿墨守成规、不安于现状、勇于质疑等特征。

【案例】 轴承厂厂长与锅巴

> 西安宝石轴承厂厂长李照森及其夫人发明的锅巴片获得了国家专利，其生产技术已在十多个国家和地区获得专利权。太阳牌系列食品已成为风靡全国、跻身国际市场的名牌产品。
>
> 一次偶然的机会，李照森陪客人到西安饭庄进餐，发现人们对一道用锅巴作原料的菜肴极感兴趣，于是引发了联想："锅巴能作菜肴，为什么不能成为一种小食品呢？""美国的土豆片能风靡全球，作为烹饪大国的中国，为什么不能创出锅巴小吃并打出国门呢？"接着就是试制、投产、走俏。之后，他的联想进一步展开，既然搞成了大米锅巴，当然还可以用其他原料制作出别样风味的锅巴。
>
> 一时间，小米锅巴、五香锅巴、牛肉锅巴、麻辣锅巴、孜然锅巴、海味锅巴、黑米锅巴、果味锅巴、西式锅巴、乳酸锅巴、咖喱锅巴和玉米锅巴等不一而足，琳琅满目。既然锅巴畅销，那么与锅巴有类似特征的食品也相继开发问世，如虾条、奶宝、麦圈、菠萝豆等。这些风味多样的新产品使小食品市场五彩缤纷，也使西安太阳集团不断壮大。
>
> 李照森的身上有着一种创新欲，在每日的生活中有着一双善于发现的眼睛，这正是创业者所需要的。

2. 创新情意

所谓创新情意，是指创新的情感意志，反映了人们想创新、喜欢创新、乐于创新的情感和敢于创新、不怕困难、百折不挠、把创新活动进行到底的意志。创新情意是创新行为产生和维持的保障机制，是在创新活动中不断形成和发展的。

不管是普通人还是企业，都希望自己能拥有持续的创意情意，比如"追求卓越"是 IBM 公司的三大理念之一，而通用电气公司则以"进步是我们最主要的产品"为基本理念。

3. 创新思维

创新思维是在强烈的创新意识的驱使下，通过综合运用各种思维方式，对头脑中的知识、信息进行新的思维加工组合，形成新的思想、新的观点、新的理论的思维过程。

【案例】田忌赛马

> 孙膑在齐国时非常受田忌将军的赏识，在得知田忌赛马经常失败后，孙膑为田忌制订了出战计划。孙膑在发现他们的马脚力都差不多后，将马分为上、中、下三等，对田忌说："您只管下大赌注，我能让您取胜。"田忌相信并答应了他，与齐王和各位公子用千金作为赌注。比赛即将开始，孙膑说："现在用您的下等马对付他们的上等马，用您的上等马对付他们的中等马，用您的中等马对付他们的下等马。"三场比赛过后，田忌一场败而两场胜，最终赢得千金赌注。

"田忌赛马"中孙膑能帮田忌在弱势中反败为胜是创新思维的较好体现。对于个人来说，其成长经历、所受的教育和所处的环境会影响他的思维，进而影响他的行为，并最终决定他的创新能力和创新素质。因此，每个人的思维特征包括创新思维的水平都不一样。创业者应根据自己的情况有目的地进行思维训练，从而培养创新思维。这部分内容我们将在下一节具体介绍。

4. 创新个性

创新个性在心理学中又称为创造性人格，是指具有创新活动倾向的各种心理品质的总和。典型的创新个性包括挑战性、自信心、灵活性、敏感性、冒险性和独立性六种特质。一般多体现在如下几个方面，如图 1-6 所示。

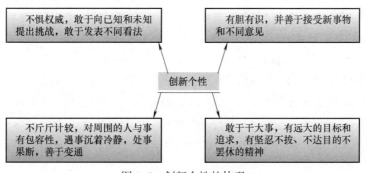

图 1-6　创新个性的体现

5. 创新品德

创新品德是指人从事创新活动所必须具备的道德品质。

创新、创造活动与创新品德息息相关，现实的创新需要正确的品德来指导，否则，创新活动及其结果不仅难以产生积极的社会效益和社会价值，还有可能给社会、给人类带来危害甚至灾难。

以上五个构成要素之间相互依存、相互影响、相互促进，构成完整的创新精神概念。

创新意识给人提供想创新的内部动机和动力。

创新情意使人乐于创新、敢于创新，并在创新遭遇阻碍时不放弃，坚持到底。

创新思维使人善于发现创新点，以创新的方式解决问题。

创新个性可以增强人格魅力，使人善于创新。

创新品德则使人正确创新，使创新合乎人的正确需要。

1.1.3 创新精神的内涵

创新精神的表现形式多种多样，我们将以创新实践过程中的行为倾向来解释创新精神。

1. 质疑、批判精神

创新是对现存事物的改革与超越，因此，创新首先需要具有质疑、批判精神。

（1）质疑　质疑是敢于对一切已知或未知的领域结合自己的独立思考提出质询和怀疑。它要求人们凡事都要问个为什么，绝不盲信盲从。正如古人所云：学贵知疑，小疑则小进，大疑则大进。

（2）批判　批判是指在质疑的基础上，敢于有根据地对现有知识或结论进行批驳与评判，敢于向权威和陈规挑战。一个人云亦云、唯书唯上的人，只能是一个平庸的人。但是，科学的质疑、批判精神并不是简单地怀疑一切、否定一切。

质疑和批判的目的其一在于要从熟悉的现象进入未知的领域，从而获得新知，发展真理；其二在于去伪存真，把原本不正确的东西纠正过来。

【案例】 小小的质疑

在美国，有一个孩子，因为家里很穷，便问母亲："为什么我们会没有钱呢？"母亲抛出了抱怨的说辞："因为你的父亲和祖父并没有过赚钱的念头。"

于是，这个孩子从小便开始在心里种下了赚钱的念头。当他成年后，他开始挨家挨户地卖肥皂，这一卖就是12年。在一家肥皂公司将拍卖出售时，这个男孩想用他卖肥皂的积蓄收购这家公司。但他只有25000美元，这是绝对不够买下这家公司的，于是他跟肥皂公司签订了这样的协议：25000美元作为订金，在10天内付清剩下的125000美元。

这个男孩开始东拼西借，到第10天时，他已筹到了115000美元，只差10000美元了。于是他采用了这样的办法。他来到芝加哥61号大街，在一家事务所里，对主人说："你想赚1000美元吗，那么就给我开10000美元的支票吧。我会很快归还，并另付1000美元的利息。"那天夜里，这个男孩在离开这家事务所的时候，衣袋里装了一张10000美元的支票……

那个男孩就是如今美国第三大肥皂公司的总裁福勒，当有人问他成功秘诀时，他说："我们的贫穷并不是因为上帝，而是由于我们从未产生过赚钱的想法，在我小时候从母亲那里听到赚钱的想法时，我就在想：'我们是否注定了永远贫穷下去呢？'"

是的，一个小小的质疑，改变了那个小男孩的一生，这就是质疑真正的价值，而这首先要有质疑的勇气。

2. 科学精神

科学精神是一种敢于坚持科学思想的勇气和不断探求真理的意识。它作为一种实事求是的精神，要求人们在从事各种创造性活动时把认识建立在符合客观实际的基础上，依据事实、实验、实践做出判断；把行为建立在符合客观规律的基础上，不以想象、偏好、愿望来代替现实可能；把实践的效果作为判定认识的真与假以及创新的对与错的标准，而不是由创新者来说明。

科学精神是创新的基石，虽然不能保证人们的创新不犯错误、事事成功，但可以保证减少错误，提高成功的概率。违背科学精神的创新，只能是导致创新的失败。科学精神是创新精神的内在规定性，这种规定形成了创新精神的客观性约束，成为创新者判断是否创新、创新能否成功的决定性因素。

【案例】科学精神从小"养"起

> 2004年12月26日印度洋大海啸的遇难人数达29.2万。海啸袭击泰国沿海前几分钟，普吉岛麦克豪海滩的人们突然纷纷从海边撤离，快速地躲到了安全的地方。海啸过后，普吉岛损失惨重。但是，当时从麦克豪海滩撤离的人中却无一人死亡或者重伤。拯救这几百人生命的，就是被英国报章称作"天使"的、来自英国舍瑞的10岁女童悌丽。
>
> 海啸袭来时悌丽一家正在普吉岛度假。在海水泛起大量泡沫并突然向地平线退去之时，悌丽的母亲好奇地随退却的海水走去，想探个究竟。就在此时，悌丽惊恐地喊道："妈咪，我们必须离开这片海滩，海啸要来了！"见大人们对"海啸"迷惑不解，悌丽又加了句解释——"退潮大浪"。悌丽的警报霎时传遍了那片海滩，人们快速撤离，向着安全的地方跑去……莫不是悌丽真有什么未卜先知的本事？非也。夸赞声中，悌丽道出了她预警海啸这一本领的出处："上个学期，地理老师教了我们地震以及地震如何能引起海啸的知识……"
>
> 这样看来，"天使"的本领倒也平淡无奇，无非是应用了从课堂学来的科学知识。但是，把掌握的科学知识应用于实际，学会从科学的角度观察事物，能够以科学的方法解决问题，从而形成自身的科学素养，却并非简单的事情。在现代，人们掌握科学知识的途径主要来源于教育。当然，科学知识并不等于科学素养，把科学知识内化为人们的科学素质和科学精神，其过程正在于"养"。这里所谓"养"，就是一点一滴地累积，缓慢却不间断地滋润。只有"养"成的东西，才能在潜移默化中变成人们自身的素质和本领。

3. 开拓精神

创新意味着开拓，意味着进入新的领域，走前人没有走过的路，做前人没有做过的事。面对未知的空间，只有开拓才能进入，只有开拓才有可能创新。开拓精神是一种创造精神，开拓的过程就是创造的过程，即创造出新的方法、新的产品、新的事物。

开拓精神表明了创新者不自满的心态，即使取得了一定的成就，达到了一定的高度，也总是把目标定在没有攀登过的高峰上，总是要不断打破纪录，挑战极限。

【案例】松下幸之助还差 15 分

> 在庆祝松下幸之助创业 50 周年的聚会上，有人问他："创业 50 年以后，你自己认为可以给松下电器公司的成就打几分？"松下答道："差不多 85 分吧。"还差 15 分，所以松下还要继续努力和攀登。

开拓精神不仅鼓励创新者不困于传统束缚，不满足于现有状态，用积极的、开放的、上进的态度看待世界、对待未来，还鼓励创新者不怕困难，以创新为使命，不计较暂时的得失，敢于放弃既得的成就。

4. 冒险精神

创新的过程，需要面对很多的不确定，因此，创新需要具备冒险精神。我国经济学家樊纲将创新精神看作是冒险加理智，并用定量的方式判断企业家身上 60% 是冒险，40% 是理性。而如果冒险精神降到 20%，理智成分上升到 80%，就变成了学者。冒险精神主要体现为在创新过程中追求成功，不怕失败，并在失败的可能中谋求成功，乐于冒险又能理性地对待风险、控制风险，敢于承担失败的代价，并以必要的代价换取利益。正如 2007 年 4 月比尔·盖茨在清华大学演讲时说的："经商的部分乐趣就在于没有人可以向你保证未来怎么发展。这可不像可口可乐，这种 10 多年来最受欢迎的饮料，也许在 20 年里它还是最受欢迎的饮料，如果你喜欢那种预测的话，软件领域可不适合，因为微软不断成功的关键就在于它总是冒着巨大的风险，同时面对大量的竞争，面临客户的大量需求。软件行业这种不确定性，在未来将驱使我们不断前进。"

5. 商业精神

创新有着明确的价值目标与功利追求，那就是创造出新的财富、新的效用，以满足人与社会增长的需要。

创新的成果需要通过商业活动来实现，因此商业精神也是创新的重要内涵。首先，创新不是简单的标新立异，不是刻意地附和时尚，而是一种需要进行经济核算的行为，也就是权衡资源的投入、重组、消耗究竟能产出多大的价值，以此作为创新决策的依据。其次，创新通过商业化不仅可以解决市场问题，为顾客创造新的生活方式，还可以为创新者带来巨额商业利润，因此，还包含了一种用新方法赚钱的精神。

1.1.4 创新的来源

彼得·德鲁克在其《创新与企业家精神》一书中，指出了大多数有效的创新并不是来自于突发奇想，而很可能是有规律和方法可循的，并且提出了关于创新的七个来源。

1. 意外事件

意外事件是世界上很多著名创新的来源。但是，意外事件也只是创新的一个成因而已，意外事件之所以创造了伟大的创新和发明还得益于那些在意外事件发生过程中所参与的人。我们可以把意外事件看成是一个可能孕育千里马的草原，但是最终能否产生好的结果，还需要能识得这些千里马的伯乐。

【案例】意外发明人造尼龙

> 在我们的身边,用尼龙材料加工制作的物品随处可见。尼龙袋、尼龙布、尼龙袜、尼龙蚊帐、尼龙窗帘等,应有尽有。然而尼龙完全算得上是一项偶然的发明。
>
> 20 世纪 30 年代初,美国有一位名叫卡罗萨斯的化学家。他起先在著名的哈佛大学任有机化学教师,33 岁时应聘到杜邦化学工业公司的研究所任基础部负责人。卡罗萨斯富于想象,勤于动手,他刻苦钻研的精神有口皆碑。
>
> 1932 年夏季的一天,卡罗萨斯像往常一样穿着白大褂早早地来到自己的实验室。细心的他注意到一根玻璃棒的尖端粘有乳白色的细丝,这是上一次实验时未清洗掉的残渣形成的。这位科学家十分好奇地用力拉了拉这根细丝,发现它不但能够伸长,而且强度还很大。
>
> 这时候,卡罗萨斯的脑子里闪出一个念头:是不是可以把以前实验失败了的聚酰胺再加以利用呢?于是他将这种本来很有可能作废料处理的化合物重新拿出来加热,然后扯成细丝,看能否制造人造丝。1935 年,卡罗萨斯成功地将这一设想变成了现实,被称为"尼龙"的人造丝终于成功地发明出来了。杜邦公司立即组织力量生产尼龙,迅速占领了市场。

如果卡罗萨斯将失败隐藏,将生成物丢进垃圾桶并重新开始实验,那么也许尼龙就不会那么快来到人间。传说爱迪生的很多发明都来自一些突发情况;牛顿也是从苹果落地的意外中发现了万有引力定律。意外事件往往因为改变了周围的变量因素,而让某种新的理论、新的事物展现出来,如果能够抓住它,就可以走上创新之路。

2. 不协调事件

人类的很多发展和创新都是因为不协调所激发的。当流程或者需求与现实状况产生巨大的不协调的时候,人们就会努力思考如何去解决。与意外事件不同,以不协调事件为来源的创新主要是一种被动的、以事件为中心的创新方式。

【案例】远洋货轮开通集装箱业务

> 20 世纪 50 年代初期,海上运输进入一个不协调的时期。由于海运的增加,港口变得非常拥挤;空中运输正在飞速发展,挑战着传统海运的地位。很多人预言,未来除了大宗的运输业务以外,海上运输会被空中运输逐渐取代。面对这样的不协调情况,海运行业的专家们通过对不协调因素的研究,提出了一个创新的解决方案,那就是分离装货和装船这两个业务步骤。
>
> 分离后可以大大地降低船舶在海港等待装载的时间,进一步缩短船运的周期和空载时间,并让港口拥挤得以缓解。实际上,1931 年,18 岁的美国农村青年马尔科姆·麦克莱恩成为一名靠运输赚钱的卡车司机的时候,就已经开始面对这种装载时间过长的问题。他的脑子里早就有利用外形尺寸统一的大型货柜作为包装,在港口预先装载再转运进入货轮的想法。

最后，正是这种以集装箱和标准规范的货运轮船组成的新的海运解决方案挽救了海运业务。直到今天，海运业务依然是全球货运业务的一个重要组成部分。

这种创新正是由不协调所激发的。多说一句，随着低碳经济、环保经济时代的来临，越来越多的企业和个人正在考虑重归海运，一些一线的快递公司也有目的地引导用户，在处理不是非常重要和着急的快递业务时尽量使用海运，毕竟海运依然是迄今为止成本最低的远程运输方式。

3. 流程需求

与不协调事件相似，流程需求作为创新来源往往也是为了解决某些问题。关键的不同点在于，不协调事件的核心围绕某一事件，而流程需求则主要面对一个需要去完成的任务。换句话说，不协调事件激发人们去创新以解决这些不协调事件，而流程需求则是通过某些预测或者推论提早地发现了问题，并迫使组织创新，以为发展铺平道路。

【案例】矿灯

在电灯还没有发明出来的时候，欧洲的煤矿内经常因为明火而发生瓦斯爆炸事故。为了防止这种灾难频繁发生，矿业界人士高薪聘请科学家们来研究一种不会引燃瓦斯的工作灯。

迪比是被请来从事该项研究的科学家之一。一天，他在实验室肚子饿了，就用酒精灯烤馅饼吃。烤完馅饼，他把铁丝网放在火上准备做实验，这时，他无意中注意到火虽然燃烧着，但火焰却伸不出铁丝网。"这倒奇怪了！"迪比心想，"一定是铁丝网把火焰的热量散开了。"他突然想到了什么，连馅饼也顾不上吃了。他做了一个铁丝网灯罩，然后将酒精灯罩在铁丝网灯罩里，小心翼翼地放入低浓度煤气中。结果过了很久，放入的酒精灯燃烧着，却没有引燃煤气。"成功了！"迪比开心地大叫，他据此终于发明了煤矿内所使用的安全灯。

4. 市场和产业结构的变化

市场和产业结构发生变化往往会促使创新的出现，反过来针对市场和产业结构的创新，改变现有格局也是一种创新的有效方式。

【案例】被拉下神坛的汽车行业

20世纪初期，汽车一直是消费品中一个非常重要的角色。很多消费者对其充满兴趣，而企业也加快了产业革命以设法生产更多的产品并销售出去，从而获得更多的利润。在这样的一个产业背景下，一些企业家已经敏感地预测到，在此后的一段时间里汽车将逐渐变成并非富裕阶层所独有的产品，而是越来越平民化。针对这种趋势，不同的企业家创新出了不同的概念或者解决方案，并因此取得成功。

罗尔斯·罗伊斯公司的创始人在意识到上述可能到来的改变的时候，决定只生产高端轿车以应对这一局面。这样到汽车平民化的局面到来的时候，他们的产品将变得独一无二。罗尔斯·罗伊斯公司决定只去生产那些带有皇家尊严的汽车,面对产业的变化反其道而行,故意保留那种老式的技师型的生产方式,尽可能用全手工打造最出色的轿车,保留古老的工艺。与此同时,他们创造了一种新的销售方式以提升产品的尊贵感。他们要求,罗尔斯·罗伊斯公司生产的轿车只能由他们自己培训出来的专门的、有资格的驾驶人员驾驶。也就是说,购买轿车的同时,用户也必须"购买"一个司机。罗尔斯·罗伊斯公司认为,其产品的使用者如果没有雇佣高级驾驶员的能力,自己驾驶汽车则降低了汽车的尊贵感觉。同时,罗尔斯·罗伊斯公司利用价格策略尽可能地屏蔽中低层次的汽车购买者,他们将汽车的价格定得和当时的小型游艇一样,以此确保购买者都是绝对的富裕者。这样的经营策略导致他们的产品成为身份的象征,从而取得了巨大的成功。

罗尔斯·罗伊斯公司生产的轿车就是我们常说的劳斯莱斯。这家汽车公司在1971年破产,在2003年被纳入德国宝马旗下,但即使是经历了这么多的坎坷,其依然是尊贵轿车品牌的典范。

同样是面对这样的产业变化,福特汽车公司则创造了完全不同的营销模式。亨利·福特打算迎合这一趋势,加快汽车的平民化进程。福特汽车公司首先需要从汽车生产的资源方面入手。在过去,汽车生产除去原材料之外,非常重要的一个因素是生产汽车的技师。这些技师需要非常专业,全面了解汽车的制造过程和方法。一位优秀的技师不但很难找到,而且雇佣成本很高,此外,培养专业技师的时间成本也非常高。亨利·福特的创新在于采用了大量的半专业技师,只要求他们对生产汽车的某一个特定环节熟悉,而通过多个半专业技师的通力合作来生产一辆成品轿车。这就是流水线汽车生产的最初形态,事实证明这种做法的确取得了巨大的成功。

5. 人口统计数据

人口统计数据不仅仅是人口的总量和规模,人口的总量并不对特定行业的商业需求发生直接作用,人口的组成成分,如年龄结构、人口变化等,比人口总量更重要。人口变化包括受教育的情况、就业的情况、收入的情况。在收入中特别应该重视可支配收入——有一些开支是固定的,如住房费用、伙食费、交通费等,是不可节省和挪用的生活成本,而可支配收入就是有多余的钱可以去满足自己的兴趣,如旅游、教育等。如果某一个年龄层,可能会是人数最多的、收入最多的或可支配收入最多的,这个年龄层的心态、观念、行为习惯使他们偏好某一方面的消费,那么提供这方面的产品或服务就成为重大的创新机会。

【案例】 车库改出租房

北京新建的大型公寓都有几层地下停车场,十几年前经常空置,一来那时候私人买车不多,二来人们不愿意把车停那么远。这给有头脑的人看到了,整层包租后稍加改造,分成若干小的隔间给外来人口居住,收费相当惊人——一间六七平方米的小房间可以放两到三个床位,收五六百元的月租金。算下来,承包商的收入比很多高档酒店还要好。虽然这种机会随着私家车的快速增加已经消失,但这种生意曾经兴旺了十年之久。

6. 认知和情绪的改变

德鲁克在讲到从认知和情绪的变化中寻找机会时，告诫我们注意区分什么是真正影响未来的趋势，什么只是一时流行的时尚。如果错把时尚当成趋势，当把某种创新成果推向市场，时尚已经过去了，那么付出的努力就会白费。因此，对正在发生的变化既要敏感和及时行动，以免错失时机，又要细心观察，避免误判。面对鉴别认知和情绪这种不确定的变化时，他的建议是：创新要从小开始，从具体的一点开始，得到验证之后，再扩大规模。

【案例】"民工律师"团

> 深圳这两年出现了一种叫"民工律师"的团体，是由一些有点文化的民工组成的。他们在城市务工时遇到欠薪、劳动保障等方面的问题，最终通过法律途径维护了自己应有的权益，积累了一定经验。而后，他们凭借有限的知识，为别的民工兄弟维权。
>
> 按照中国法律，在民事案件中可以由原告指定不是律师身份的代理人。"民工律师"每个案子只收取 50~100 元，因此，很多付不起律师费的民工找他们。尽管收费很低，他们仍可以以此谋生，而且越发展越大。这引起了律师界的质疑，律师指责"民工律师"名不副实，没有资格干这行，但是因为找不到明确的法律根据，他们也无法名正言顺地禁止"民工律师"。

我国经济经历了数十年的高速发展，全国人口中获得基本温饱条件的比例大大提高了。农民和农民工的权益，不论是迁移、就业还是经济收入，也得到了更多的重视，有了更多的渠道去满足。但是，比起二三十年前，人们显然对进一步改善有了更高的意愿和期待。"民工律师"顺应的正是这样一种认知和情绪的改变。

7. 新知识

新知识，特别是科技知识带来的创新，正是人们通常所意会和谈论最多的创新，最为引人注目。

新知识的第一个特点是时间跨度长，因为它要经历从知识的发明到变成应用技术，最后被规模化和市场化的过程。第二个特点是通常需要几种不同的知识聚合在一起，才能完成一个创新。如果某项创新所需要的知识不齐备，创新的时机就尚未成熟，需要等待，直至所缺的知识得以补充完善。第三个特点是市场接受度不确定。别的创新都是利用已经发生的变化，创新者自己并不制造变化，他要满足的是一个已经存在的需求。唯独知识创新本身就是在引起变化，它必须自行创造出需求，所以风险很大，没有人可以预见使用者对它是接受还是排斥。由此可见，新知识是最耗费时间和资源，同时难度大、风险高的创新来源。

1.2 创新思维的培养

1.2.1 创新思维的特质

思维是人脑对客观现实间接和概括的反映，它是能够借助语言实现的、能揭示事物本质特征及内部规律的认识过程。思维的产生过程如图 1-7 所示。

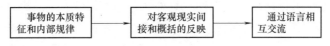

图 1-7 思维的产生过程

创新思维是人类最复杂、最活跃、最有意义的实践活动。那么什么是创新思维呢？

一般来说，创新思维开始于灵感，终结于构思。如果一定要给创新思维下定义，可以总结为：创新思维就是以新颖独特的方式，对已有的知识轨迹进行改组和重建，创造出新思维成果的过程。简单来说，创新思维就是构想创意的过程。

【案例】旱冰鞋的出现

> 一个叫詹姆斯的小职员有一个非常好的爱好——滑冰。众所周知，冬天很容易就能在室外找个滑冰的地方，而在其他季节，想滑冰那简直是不可能的。怎样才能在其他季节也能像冬季那样滑冰呢？
>
> 对滑冰情有独钟的詹姆斯一直在思考这个问题。想来想去，他想到了脚上穿的鞋和能滑行的轮子。詹姆斯在脑海里把这两样东西的形象组合在一起，想象出了一种"能滑行的鞋"。经过反复设计和试验，他终于制成了四季都能用的"旱冰鞋"。

1. 创新思维的求异性

通过上述案例我们可以发现，创新思维的本质是求异、求新。这是创新思维最重要的特性。

所谓求异性，是指在认识过程中致力于挖掘事物的差异性、现象与本质的特殊性和已有知识与客观事件相比而具有的局限性等，是对常见现象或者人们早已习以为常的认识进行怀疑、分析和改进的过程。这个特性贯穿于创新思维活动的始终，为多数人所认同。

换句话说，求异性就是要用"新眼光"去看待老问题，突破思维的惯性，寻找新的闪光点。

【案例】解开绳结

> 公元 1202 年，铁木真和王汗联兵大战札木合取得了胜利，但札木合却投降了王汗。这对于铁木真来讲，不是个好兆头。那年秋天，铁木真率部来到了斡（wò）难河畔，河边有一棵五人方能合抱的大树，大树上系着一个复杂的绳结。据传说，谁能解开这个绳结，谁就能成为蒙古之王。
>
> 因此每年都会有很多人来解这个结。札木合来过，王汗也来过，可他们总是不知如何下手，因为这个结异常复杂，连绳头也看不到。铁木真仔细观察了这个绳结，他也找不到绳头。
>
> 他想了一会儿，拔出剑来，将绳结一劈两半，然后对众人说道："这，就是我铁木真解开绳结的方式！"

2. 创新思维的突发性

创新思维的突发性可以理解为偶然性、意外性和非逻辑性。创新思维往往表现为在以一种突然降临的情景标志着某一种突破的获得，表现出了一种非逻辑的特征，其实这是一种长期量变而爆发出质变的突破。

当然，创造性成果的产生，是研究者长期观察、研究和思考的结果，是创新思维活动过程的产物。在这一过程中，往往存在着对于形成创造性成果起着决定作用的突发性思维转折点，在"山穷水尽"时突然看见"柳暗花明"。

【案例】补睡袍

> 从前一个老裁缝带着小裁缝去给王后做锦丝睡袍。睡袍做好了，在熨烫整理之后就可以交给王后了，于是老裁缝命令小裁缝去熨烫，结果一不小心，小裁缝在睡袍上烫出个枣核大的窟窿。
>
> 如果王后的人来取睡袍时，不能按时交给他们，这个后果可能是相当严重的。老裁缝越想越害怕，手不停地哆嗦起来，抬手就要打小裁缝。小裁缝赶紧对师傅说："您先不要打我，先想办法补上才行。"于是，小裁缝找来丝线，围着窟窿绣了一朵鲜艳的牡丹，补好了这个洞。
>
> 睡袍送到王后那里，王后非常喜欢这朵鲜艳的牡丹，又让小裁缝多绣了几朵，并付给了裁缝爷俩双倍的工钱。

如案例中的小裁缝一样，不管是灵光一现，还是顿悟，创新思维表现出突然降临的特征。创意的迸发不分场合、地点和时间，任何事物和事情都会给人们带来灵感，帮助人们在思维领域产生突破，而人们需要做的，就是抓住这种灵感。

3. 创新思维的敏捷性

创新思维的敏捷性是良好心理品质的前提。它是指在短时间内迅速调动思维能力，具备积极思维、周密考虑、准确判断的能力，还必须依赖于观察力以及良好的注意力等优秀品质。没有对事物敏锐的洞察力和反应能力，很难从众多事物中发掘到"潜力股"，找到创新的起点。

【案例】弄断棉线

> 高斯是德国著名的数学家，不到20岁就在科学领域取得了不小的成就。随后，他又取得了一次又一次的成功，这让周围跟他差不多年纪的小伙子们很不服气，有心想要为难他一下。
>
> 这些年轻人，准备了这样一道难题：他们用一根棉线系上一块银币，然后再找来一个很薄的玻璃瓶，把银币悬在里面，然后把瓶口塞住。这些年轻人捧着瓶子来到高斯面前，要求高斯在不打破瓶子和不打开瓶塞的情况下把瓶子里的棉线弄断。
>
> 高斯想了想，随后便轻松地说："可以。"他找到一面放大镜，将光线透过放大镜聚焦在棉线上，时间一分一分地过去……最后，棉线被烧断了，银币落到瓶底。这几个想为难高斯的年轻人惭愧地走了。

4. 创新思维的专一性

量变积聚质变，质变突破量变，量变是质变的前提，质变是量变的结果。好的创新思维需要的不是三天打鱼两天晒网的结果，而是专一的目标加持之以恒的思考辅以坚持不懈的努力的结果。

所谓创新思维的专一性，是指引导思维目标的确定性，是导引思维过程中已有概念、事物在显意识和潜意识两个层次的集中与凝聚的特征。创新思维最重要的条件是所研究的问题已经成为研究者的优势目标，即心理学上所说的"优势灶"。专一性是创新思维的基本特征。

1.2.2 常用的创新思维方式

创新思维方式有很多种，比如想象思维（形象思维）、抽象思维（逻辑思维）、逆向思维、正向思维、发散思维、收敛思维、纵向思维和转向思维等。此处讲述几种常用的创新思维方式。

1. 发散思维

发散式创新思维是指在发现和解决问题的过程中，不局限于一点、一条线索或一部分信息，而是从已知信息出发，不受个人、他人意志或现存方法、方式、范畴或规则的约束，尽可能向四面八方扩展，在这种辐射式的思考过程中，找到多种解决问题的方法，进而衍生出尽可能多的结果。

【案例】用发散思维想象曲别针

1987年，我国在广西壮族自治区南宁市召开了"创造学会"第一次学术研讨会。这次会议集中了许多在科学、技术、艺术等众多方面的杰出人才。为扩大与会者的创造视野，研讨会还聘请了国外某些著名的专家、学者。

专家中有位日本的村上幸雄先生。村上先生讲了三个半天，讲得很新奇，很有魅力，也深受大家的欢迎。其间，村上幸雄先生拿出一把曲别针，请大家动动脑筋，打破框框，想想曲别针都有什么用途，比一比看谁的发散性思维好。会场上顿时热闹起来，大家七嘴八舌，议论纷纷。

有的说可以别胸卡、挂日历、别文件，有的说可以挂窗帘、订书本，说出了20余种用法。最后大家问村上幸雄："你能说出多少种？"村上幸雄轻轻地伸出三个指头。有人问："是三十种吗？"他摇摇头。"是三百种吗？"他仍然摇头，说："是三千种。"大家都非常惊讶，心里说："这日本人果真聪明。"

此时，坐在台下的许国泰先生心里一阵紧缩。他想，我们中华民族在历史上就是以高智力著称世界的民族，我们的发散性思维绝不会比日本人差。于是他给村上幸雄写了个纸条说："幸雄先生，对于曲别针的用途我可以说出三千种、三万种。"村上幸雄十分惊讶，大家也都不太相信。许先生说："幸雄所说的曲别针的用途，我可以简单地用四个字加以概括，即钩、挂、别、连。我认为远远不止这些。"接着他把曲别针分解为材质、重量、长度、截面、弹性、韧性、硬度、颜色等十个要素，用一条直

> 线连起来形成信息的横轴，然后把要动用的曲别针的各种要素用直线连成信息的竖轴。再把两条轴相交垂直延伸，形成一个信息反应场，将两条轴上的信息依次"相乘"，达到信息交合……
>
> 于是曲别针的用途就无穷无尽了。例如，可加硫酸制氢气，可加工成弹簧、做成外文字母、做成数学符号进行四则运算等。

发散思维的好坏，标志着一个人智力水平的高低。因此，培养和锻炼自己的发散思维能力就是提高自己智力的过程。发散性思维包括以下几个方面的发散。

（1）功能发散　功能发散是从某事物的功能出发，构想出获得该功能的各种可能性。比如对"怎样才能达到照明的目的"的问题，有人做出如下构想：点油灯、开电灯、点蜡烛、划火柴、烧纸片、用手电、点火把、燃篝火和用镜子反射太阳光等。从发散思维的角度出发，没有废物或废料，只要能合理地借助功能发散（有时加上视角转换），一定能变废为宝。

（2）结构发散　结构发散是以某个事物结构为扩散点，设想出利用该结构各种可能性的思维活动。例如，尽可能多地说出包含圆形结构的东西，太阳、水碗、酒杯、西瓜、瓶盖和头等。经常进行这种思考，可以增加我们头脑中的形象储备，锻炼想象力。

（3）形态发散　形态发散是以事物的形态（比如颜色、形状、声音、味道等）为发散点，设想出利用某种形态的各种可能性。例如，当说出红色时，你可以在脑中出现信号灯、红墨水、红围巾、红灯笼、红对联和红粉笔等。

（4）组合发散　组合发散是以某一事物为发散点，尽可能多地设想出与另一事物联结成具有新价值的新事物的可能性。例如，以钥匙为发散点，若随机想到的一种事物是手电筒：按照组合发散思维方式，两者就能结合成新的事物，那就是带手电筒的钥匙；按照功能发散思维方式，由手电筒联想到钥匙是否具有一种新功能，那就是钥匙能够当手电筒用。

（5）方法发散　方法发散是以人们解决问题或制造物品的某种方法为扩散点，设想出利用该种方法的各种可能性。例如，说出用"吹"的方法能做的事或解决的问题，可以想象到吹气球、吹口哨、吹笛子……这是一种多方法发散思考。

方法发散是人们创新创意能力的一项重要素质，平时只要多掌握一些前人解决问题过程中积累下来的成功方法和技术，并把这些方法辐射出去，用到新领域、新事物上去，就能大大地提高我们的创新能力。

（6）因果发散　因果发散是以某事物发展结果和起因为扩散点，设想出该事物出现的原因或该事物可能产生的结果。如果分开来讲，因果发散包括原因发散和后果发散。

原因发散是以某事物发展的结果为发散点，推测造成此结果的各种可能的原因。

后果发散是以某事物的起因为扩散点，推测可能发生的各种结果。例如，尽可能多地说出打开开关后可能发生的各种结果，答案可为灯不亮、灯亮、灯亮了马上灭掉、灯泡冒出白烟、灯泡爆炸、保险丝断开、电线起火等。

人们在进行科学研究时，经常会碰到认识事物因果关系的问题。因此，进行因果发散思考训练有助于培养我们的科研素质，去发现事物、认识事物的内在规律。

（7）关系发散　关系发散是从某一对象出发，尽可能多地设想它与其他对象之间的关系。生活中每个人都可以从自我出发，想出自己与他人的关系，除了伦理的一些基本关系

（如父女、师生）之外，每个人还可能存在听众、观众、读者、选民等不同情况下的关系。确定事物之间可能的关系发散有以下两种方式。

第一种是从某一事物出发，尽可能设想出其与其他事物的各种关系。例如，"你是谁?"你是你父母的女儿，你是某高校某系某班的学生，你是女生，你是舞者等。尽可能说出你与社会各方面及各种人物之间的关系。

第二种是给出两者的关系，说出两个事物间的关系。例如，父亲和儿子间可能有什么关系？当然是父子关系了。其他如病人和护士的关系、营业员和顾客的关系等。

2. 逆向思维

逆向思维是从结果到原因的反向追溯的思维状况，即对任何问题哪怕是现成的结论，都不满足于"是什么"，而要多问几个"为什么"，敢于提出不同的意见，敢于怀疑，反其道而行之。

广义上讲，一切与原有思路相反的思维都可以称为逆向思维。

对于历史上被传为佳话的司马光砸缸救落水儿童的故事，实质上就是一个运用转换型逆向思维方法的例子。有人落水，常规的思维模式是"救人离水"，而司马光由于不能通过爬进缸中救人的手段解决问题，因而他就转换为另一手段，果断地用石头把缸砸破，"让水离人"，救了小伙伴的性命。古人很善于运用逆向思维思考问题和解决问题，有许多案例在今天读来仍能让我们有所启发。

【案例】秀才遇上兵

> 有一次，南唐后主李煜派博学善辩的徐铉到宋朝去进贡。按照惯例，大宋朝廷要派一名官员与徐铉一起入朝。由于宋朝那些大臣们都认为自己的才学比不上徐铉，所以他们谁都不敢应战。
>
> 宋太祖听说了这件事以后，当即命人找来 10 名不识字的侍卫，把他们的名字写好送给他。于是宋太祖用笔随意圈了一个名字，就派此人去了。这令在场的所有人都很吃惊，但都不敢提出疑义，只好让这个还未明白是怎么回事的侍卫前去接待徐铉。
>
> 徐铉见了那名侍卫，便滔滔不绝地讲了起来，由于侍卫根本搭不上话，只是连连点头。徐铉见来人只知点头，猜不出他到底有多大学问，只好硬着头皮接着讲。一连好几天，侍卫还是不说话，徐铉也讲累了，便不再吭声了。

上文中宋太祖的做法就是逆向思维的做法。对付善辩的人，正常情况下应该是找一个更善辩的人，但宋太祖偏偏找一个不识字的人去应对。这一做法，反倒引起了善辩高手的猜疑，使他认为陪伴自己的人是代表宋朝"国家级水平"的人。对别人猜不透，也就不敢放肆了。

逆向思维可以从以下几个方面进行训练：

（1）作用颠倒　俗话说"存在即合理"，任何事物都有各自不同的作用。而两个事物间的作用既可以是正面作用，也可以是反面作用。如果是事物和人之间的关系，既有有利作用，也有不利作用。所以通过采取一定的措施能够改变事物所起的作用，其中也包括能够通过使事物某方面的性质、特点发生改变，起到同原有作用正好相反的作用。比如使事物对人不利的作用变为对人有利的作用。

基于这样的事理，如果我们对事物的某种作用进行逆向思维，就有可能想出更好利用该事物或与该事物相关的新设想、新主意。

【案例】向和尚推销梳子

> 有四个营销员接受任务，到庙里找和尚推销梳子。
>
> 第一个营销员空手而回，说到了庙里，和尚说没头发不需要梳子，所以一把都没销掉。
>
> 第二个营销员回来了，销了十多把。他介绍经验说，他告诉和尚，头皮要经常梳梳，不仅止痒，还可以活络血脉，有益健康；念经念累了，梳梳头也能头脑清醒。这样就销掉一部分梳子。
>
> 第三个营销员回来，销了百十把。他说，他到庙里去，跟老和尚讲："您看这些香客多虔诚呀，在那里烧香磕头，磕了几个头起来头发就乱了，香灰也落在他们头上。您在每个庙堂的前面放一些梳子，他们磕完头烧完香可以梳梳头，会感到这个庙关心香客，下次还会再来。"这样一来就销掉百十把。
>
> 第四个营销员说他销掉好几千把，而且还有订货。他说他到庙里跟老和尚说："庙里经常接受人家的捐赠，得有回报给人家，买梳子送给他们是最便宜的礼品。您在梳子上写上庙宇的名字，再写上三个字'积善梳'，作为礼品储备起来，谁来了就送一把，这样保证庙里香火更旺。"就这样一下子销掉好几千把。

这个事例往往被用来说明第四个营销员的推销方案非常好。从第二个营销员开始，就把梳子的功能给扩展了；第三个营销员不但在功能上进行视角拓展，还打破了庙里只有和尚消费的主体视角；而第四个营销员将潜在需求都转变为现实的市场，所以取得了比较好的收益。

（2）方式颠倒　事物都有自己"起作用的方式"，它是事物的基本属性。若此方式发生变化，事物的性质、特点和作用也会随之变化。我们如果从某种需要出发，采取一定的措施，使某一事物起作用的方式有所颠倒，那就可能会引起该事物的性质、特点或功能相应地产生符合人们需要的某种改变。基于事物同其起作用的方式之间的这种客观存在的关系，就可以进行创新思考，也可以就事物起作用的方式倒过来想。

（3）过程颠倒　事物起作用的过程具有确定、显著的方向性。过程颠倒是将事物起作用的过程的方向颠倒。一旦方向有所颠倒，人们对它的认识和态度便会有所改变。所以有意识地就事物起作用的过程从相反的方向思考，便有可能从中引发新的设想。

【案例】动与静

> 在电影院看电影，都是银幕上的画面动，观众坐着不动。但看地铁电影、隧道电影则刚好倒过来，画面不动，人动。
>
> 这是因为画面画在了地铁、隧道的墙壁上，同时像电影胶片那样，每个动作都画24幅。如果列车以每小时70km的速度运行，那就正好相当于一般电影的1s换30幅画面，再配上壁画顶部的灯光和车厢里的音响设备，人坐在车厢里看壁画，也就如同坐在电影院里看电影一样了。乘客坐车经过日本津轻海峡的隧道，就能欣赏到引人入

胜的隧道电影。据报道，现在柏林、伦敦、巴黎等西方国家的许多大城市都在积极筹建地铁电影。

（4）位置颠倒　两个（以及多个）事物之间在空间上总是保持着一定的位置关系，或两两相对，或一前一后，或一上一下，或一左一右……从甲所处的位置看乙与甲的关系，从乙所处的位置看甲与乙的关系，得出的认识往往不同。在创新思考过程中，将事物之间的位置关系倒过来思考，也有可能产生新的看法和设想。

（5）结果颠倒　结果颠倒作为一种逆向思维的创新思考方法，是指对具有因果关系的事物，从作为结果的事物乙出发，倒回去思考作为原因的事物甲，以及思考事物乙发生、发展的过程，往往能获得新的认识和设想。

（6）观点颠倒　理论观点是人主观意识的产物，但它们归根到底都是客观事物及其规律在人们头脑中的反映。既然我们可以对客观事物进行逆向思维，那么对思想观点自然也可以，也就是将一种观点从相反的方向思考，以便从中获得新的认识，形成新的见解。这就是所谓的"观点颠倒"。人们对许多理论观点通过逆向思维而有所创新的事例表明，"观点颠倒"也是理论、知识创新的一种重要的思考方法，在生活和工作中有重要的应用。

3. 联想思维

联想思维是一种由此及彼、由表及里的思维，是人们通过一件事情而触发并转移到另一些事情上的思维。事实上，当人的思想受到某种刺激，或在某种特定的环境下通过回忆，可以产生两种类型的联想。

（1）相似联想　相似联想是指思维主体把思考对象同储存在自己大脑中的相似经验、事物或动作进行比较的联想。

（2）对比联想　对比联想是指思维主体将所考虑的问题与储存于大脑中的已知信息或经验进行对照的联想。这种联想，可以是正面的对比联想，也可以是反面的对比联想，还可以是正反兼有的联想，又或者是正反对照以突出其反差的对比联想。

4. 简化思维

简化思维就是思维的简化。创新不是从复杂开始的，而是从省略开始的。创新思维在解决一个复杂的科学或现实问题时，会提炼出、抽象出主要矛盾，将其余的条件全部略去。将复杂问题简单化是一个积极的思维习惯，若要简化得恰到好处，则需要一个积累和训练的过程。

5. 转化思维

转化思维是在解决问题的过程中遇到障碍时，把问题由一种形式转换成另一种形式，使问题变得更简单、更清晰。

【案例】打捞铁牛

> 宋朝河中府有一座浮桥，用八头铁铸的牛加以固定，每头铁牛重达几万斤。治平年间，河水暴涨冲断了浮桥，牵动铁牛沉到了河里，于是朝廷招募能够捞出铁牛的人。于是有个名叫怀丙的和尚，用两只大船装满泥土，把铁牛系到船上，用大木头做成秤钩的形状钩住铁牛，慢慢地去掉船上的泥土，船浮出水面的同时铁牛也就浮了上来。

从上述故事可以看出，借助水的浮力来打捞铁牛，体现了转化思维的关键，那就是借助工具通过技术和思维等方面的转化，将难以实现的问题转化成容易操作的现实。

6. 整体思维

整体思维又称为系统思维，它认为整体是由各个局部按照一定秩序组织起来的，要求以整体和全面的视角把握对象。

1.2.3　创新思维的障碍

心理学研究表明，人在学习过程中使用某一认知方式进行思维，重复的次数越多越有效。所以，在新的相似的情境中会优先运用这一方式，这是一种自觉发生的行为。这就是思维的"惯性"，是人的一种特别本能和内驱力的表现。

1. 观念和固定观念

观念是内化于人脑潜意识中的观点和认识。人们在思维过程中，反复运用某种观点，认识、思考、评价问题，久而久之，这些观点和认识被积淀到大脑深层意识之中而达到了无意识状态，这就形成了观念。在人脑思维加工过程中，主体对材料的选择、组织，对问题的评价、解释，很大程度上取决于观念。历史上，每种观念的产生都是以当时的实践水平和历史文化发展为基础的，但随着实践活动的发展和时代的进步，深藏于人们头脑中的观念则不愿随之改变，成为一种思维的惯性。受这种惯性影响，人们会因循守旧，墨守成规，用老眼光、老办法去面对新问题，并反对思维对现存事物的超越，成为阻碍创新思维的重要因素。

固定观念是指人们在特定的领域内形成的观念。在该领域内某种观念是适用的，但超出这个范围，它们就可能变得不再适用了。由于观念在思维中的惯性作用，人们总是习惯于用固有的观念去认识、评价面对的问题，而忽略这个问题是否超出了原来的领域范围。

比如，我们可以用经验在一定范围内解决一些常规性问题，但当问题超出了原有领域而进入一个新的领域，那么原来的经验和观念就会排斥新思想，扼杀新观念，从而阻碍创新。

2. 惯性思维

我们小的时候在寻找物质需求，青年时代在寻找精神思考模式，而当我们真正成熟后，我们却在努力打破自己刚刚费尽心血建立的惯性思维。惯性思维有利于迅速解决问题，我们会寻找自己最有把握的途径解决问题，但是，这些也会成为我们思考的障碍。我们会抛弃听取别人意见的想法，会阻止别人讲解自己的思考，即使听到别人的想法，我们第一时间考虑的是这个方案应该如何反驳。这些都阻碍了我们接触更多解决问题的途径，阻止了我们的思考。

【案例】惯性思维

> 这是一个关于阿西莫夫的故事。阿西莫夫是世界著名的科普作家，有一次他去见他的老朋友，这位朋友是一位汽车修理工。
>
> 修理工对阿西莫夫说："嗨，朋友，你的智商那么高，我来出一道题如何？"阿西莫夫自信地点头答应，修理工便开始出题："有一个聋哑人，想买几枚钉子，就来到五金商店，对售货员做了一个这样的手势，左手食指倒立在柜台上，右手做出敲击的

样子。售货员见状，先给他拿来一把锤子，这位聋哑人摇了摇头。售货员又拿出钉子，聋哑人点了点头，便付款走了。刚走出商店，就进来一位盲人，盲人想买一把剪刀，请问盲人将会怎么做呢？"

阿西莫夫顺口答道："肯定是这样——"，他用食指和中指做出剪刀的形状。看了阿西莫夫的动作，汽车修理工便笑道："哈哈，答错了吧！盲人买剪刀，直接说'我要剪刀'就行了，干吗要做手势啊？"

3. 从众思维

从众是指个人受到外界人群行为的影响，而在自己的知觉、判断、认识上表现出符合公众舆论或多数人的行为方式。说直白点，就是"跟着大家走"的意思。

一位名为阿希的学者就进行过从众心理实验，结果在测试人群中仅有 1/4~1/3 的被测试者没有发生过从众行为，保持了独立性。

其实，人类自古就具有群居性，思维上有"从众定势"，这使得个人有一种归属感和安全感，能够消除孤单和恐怖等有害心理。另一方面，因为"枪打出头鸟"，以众人之是非为是非，人云亦云随大流，也是一种比较保险的处世态度。但是，这样的行为态度，会逐渐养成创意思维障碍。一般来说，从众思维比较强烈的人，在认识事物、判定是非的时候，往往缺乏独立思考的创新观念，往往人云亦云。

1.2.4 克服思维障碍的途径

创新是人脑的机能，人人都有创新的禀赋。培养创新思维，是一切有志创新者的基本功。突破思维的障碍，方法很简单，但是实现很难。一个苹果掉下"不等于"地心重力说的出现，很多人看见苹果掉下来，但是愿意说、能说出来的人却不多，这个需要知识的储备和表述能力，更需要思维的创新性和开阔性。

1. 培养自己的联想习惯

客观问题之间总是有联系的，如果我们养成了联想的习惯，我们往往可以从多个事物的联想结果中找到一个事物在联想中的"断线"，发现创新的可能。我们在考虑装盛调料品的罐子时都会考虑它的容量、用途、使用方便性、外观设计等，比如"鸡精"的装载物为密封罐子，容量尽量为 50~100g，因为它容易受潮，所以密封性要求较高，同时鸡精一般是煮时使用，不需要放在餐桌上，所以不用太多考虑外壳美观性，它的使用方便性在于有没有配套合适的"小勺子"。举一反三，我们就可以考虑到油壶，这可能会让我们发现创新的地方？目前市场上已经有不少的创新油壶，它们创新在哪里呢？它们在壶盖上有一个小孔，为何需要这样呢？如果你有联想的习惯，就很容易找到答案了。

2. 寻找和珍惜自己对产品的不满

人们在产品使用过程中的牢骚就是产品可以推陈出新的动力和可能性。如乒乓球鞋要适应打球者的快速移位，同时在运动过程中，在小范围内有大量的汗液，地板会较滑，自然产生的用户要求是鞋要有抓力。如果发现了用户需求或你自己的不满，就可以有机会开发出系列产品。现在市场上琳琅满目的各类运动鞋都是来自用户对产品的挑剔和不满。

3. 从众型创新思维障碍类型的训练

动动脑子，想出一种与众不同的观念，这个观念只要与人们的日常习惯相冲突就可以，不追求高明和实用，先打开自己的思路，并把自己的观念告诉朋友或家人，听听大家的反馈。

在这个过程中，体会社会从众势力有多强大，也能锻炼自己"反潮流"的胆量。面对大家的指责、嘲讽和反对，不要过于激动，而要心平气和地尽力说服他们，让多数人承认新观念中的可取之处。

4. 权威型创新思维障碍类型的训练

（1）权威型创新思维障碍　　在思维领域，有人习惯于引证权威的观点，不假思索地以权威的是非为是非。上小学时，我们的作文上常常引用名人名言，这源于对权威的某种崇拜。这是可以理解的，但是过度的尊崇常常演变为神化和迷信。一旦发现与权威相违背的观点或理论，便想当然地认为其必错无疑，这就是创新思维的另一个重大障碍——权威型创新思维障碍。

【**案例**】黄鼠狼到底吃什么

> 黄鼠狼吃鸡是事实，确实有的家养鸡被黄鼠狼吃了，所以不少人认为黄鼠狼是一种有害的动物。
> 为了弄清黄鼠狼到底吃什么，上海华东师范大学生物系教授用了几年时间，在全国十几个省市中的海岛、林区、草原、平原等地抓捕了5000多只黄鼠狼用于实验。
> 在对其进行解剖观察的过程中，发现只有2只黄鼠狼吃鸡，其他的吃的大多都是老鼠。而且，实验还发现，如果在黄鼠狼的饭食中放上活鸡、鱼、老鼠、蟾蜍，黄鼠狼最先吃的是老鼠，最后吃的，或者说只有在饿极了的情况下才会吃活鸡。
> 如果按照一只黄鼠狼一年要吃300～400只老鼠计算，我们每年可以从老鼠口中压出400kg粮食。因此，黄鼠狼不但对人类有利，还应该划归为有益动物之列。

黄鼠狼吃鸡，这是自古给人留下的印象，甚至都超过权威范畴了，但实验的结果又怎样样呢？或许在对知识的探索、未知过程中"为什么"比"是不是"更重要。

（2）针对权威型创新思维障碍的脑力训练

① 以权威人物的某种论断进行突破权威型障碍的训练。可以找出某位权威人物的某种论断，一是要求这种论断尽管是正确的，但却与人们的常识或直觉相违背，二是要求这段论断的传播范围比较窄，一般人不太了解。比如爱因斯坦相对论的尺缩效应，即物体运动时长度不变只是低速世界的特殊现象，长度随速度而变才是宇宙的一般规律。然后，把这个权威论断告诉周围的人，但不要打着权威的旗号，比如可以说成自己或是朋友的新发现，听听别人的评价。

② 没有永久的权威，任何权威只是在当时、当地的情景之下产生的。这一点很重要，随着时间的推移，旧权威不断地被新权威所替代，清楚这一点，会大大削弱对权威的敬畏心态。比如，请想象一下，10年或20年以前被自己敬畏的权威，看看如今他们有多少还是权威？

③ 正确理解权威界限。比如影视明星推荐感冒药，体操健将制造出高质量的运动鞋。这些都是"跨越界限"的权威。面对这些情况要多问问：推广人是哪个领域的权威？对推广行业有研究吗？权威吗？这种推广可信吗？

通过以上几个问题，就可以确切地得出"肯定与自身利益有关"，没错，即使是一位真正的权威，而且是在他所擅长的权威领域发表意见，也要看看是否与权威的自身利益有关。

不客气地说，即便他在自身行业具有权威性，由于其权威性而受到优厚的待遇时，那么这个权威的结果就值得怀疑。

5. 书本型创新思维障碍类型的训练

（1）书本型创新思维障碍　具有丰富而广博的知识是创新的基础，牛顿不仅是物理学家，同时还是哲学家、数学家、天文学家；又比如阿基米德是哲学家、数学家和物理学家；而爱因斯坦更是涉猎广泛，他是著名的物理学家、思想家和哲学家。一般来说，一个人专业知识越丰富，涉猎面越广，就越容易创新。对于大多数人来说，知识的获得更多是通过学校接受的正规教育，然而，从创意思维的角度来说，一个人接受正规教育的时间越长，其思维受到束缚的可能也就越大。

【案例】溢出的茶

> 从前，有个年轻人找一位得道高僧求道。高僧与年轻人面对面坐下以后，高僧开始为年轻人倒水，水满了高僧还未停手，水从杯里流出来，流到桌面，流到地面。
> 于是，年轻人忙说："水已经满了。"
> 可高僧还在倒水，水在哗哗流着，突然年轻人说："我明白了。"高僧说："你明白什么了？"年轻人说："只有空的杯子才能接水。"

在面对新情况、新问题时，不要让经验、惯性思维左右自己，要放空自己的思维，自主地抛弃所学的全部知识，跳到无知的一面，最好能够以旁观者的角度来看待事情，看看是否有什么好的解决方案，以此来克服书本型创新思维障碍。

（2）针对书本型创新思维障碍的训练

①"正、分、合"读书法。拿到一本书，要能够读三遍，每读一遍都会收获一种全新的感觉。

第一遍是"正读"，就是假设书中的说法完全正确，对作者表示十分赞许。一边读，一边为书中的看法补充新的证据、材料和论证方法。

第二遍"分读"或者叫"反读"，就是需要推翻书中所有的观点，此遍读书时的主要目的就是要找论证推翻作者。

第三遍"合读"，就是把前面两种读法的结果综合起来，在此基础上对书中所讨论的内容提炼出自己的看法。这才是读书的最高境界，即"读入"和"读出"法。

②认清书中的情境。每一种理论都会有一个前提，即是"情境"。这个情境非常重要，就是因为有了这样的"因"，才会导致后面的"果"。读书，就要读出书中的情境，再辨析与书中情境的差距。

③设想多种答案。书本上提供的答案往往是"唯一""标准"的答案，它会束缚人们的头脑，降低创新意识。如果我们面对一个问题时，尽可能多地给出越新奇的答案，就越能提高创新思维水平。

6. 自我中心型创新思维障碍类型的训练

（1）自我中心型创新思维障碍　自我中心型说直白些就是自以为是，在日常的思维活动中，人们自觉或不自觉地按照自己的理念、站在自己的立场、用自己的目光去思考别人乃至整个世界，由此产生了自我为中心型思维定式。

这种思维方式下，往往以个人的思考为中心，听不进别人的意见和建议，总认为自己的思考没有任何问题。事实上，所谓"真理"都是相对的，不管是自己的还是别人的，都具有一定的时空性，在这个场合适用的观点，换个场合也许就是错误的。

（2）针对自我中心型创新思维障碍类型训练

① 冷静法。当别人对自己的观点提出质疑时，不妨让自己冷静一段时间。过一段时间，你再去考虑这个问题，并添加上别人提出的建议，也许会有不一样的收获。

② 尝试法。如果条件允许的话，可以尝试一下别人给你的建议，看效果如何，和自己的做个对比。

除了上面介绍的 6 种创新思维障碍类型，还有其他的类型，但由于篇幅我们仅以这几种常见的为例，进行介绍，下面我们以一个小小的案例结束本节的内容。

【案例】把自己的思想拓宽 1mm

> 有一家牙膏厂生产的牙膏产品质量优良，包装精美，受到顾客的喜爱，营业额连续 10 年递增，可到了第 11 年，业绩停滞下来了，以后两年也是这样。
>
> 这可急坏了公司的管理层，于是召集各部门领导开会。在会议中，公司总裁说：谁能想出解决问题的办法，让公司的业绩增长，重奖 10 万元。有位年轻经理站起来，递给总裁一张纸条，总裁看完后，马上签了一张 10 万元的支票给了这位经理。那张纸条上写着：将现在牙膏开口扩大 1mm。消费者每天早晨挤出同样长度的牙膏，开口扩大了 1mm，每个消费者就多用 1mm 宽的牙膏，每天的消费量将多出多少呢！公司立即更改了包装。下一个年度，公司的营业额竟增加了 32%。
>
> 面对生活中的变化，我们常常习惯用过去的思维方法。其实只要把思维扩大"1mm"，就会看到生活中的变化。

1.3 创意方法及创意能力训练

1.3.1 创意方法

1. 属性列举法

属性列举法也称为特性列举法或分步改变法，是美国内布拉斯加大学的克劳福德教授于 1954 年提出的一种著名的创意思维策略。此法强调使用者在创造的过程中观察和分析事物或问题的特性或属性，然后针对每项特性提出改良或改变的构想。

属性列举法是将一种产品的特点列举出来并制成表格，然后再把改善这些特点的事项列成表，这一方法特别适用于老产品的升级换代。此法的优点在于能保证对问题的所有方面进行全面的分析与研究：通过将决策系统划分为若干个子系统（即把决策问题分解为局部小问题），并把它们的特性一一列举出来，再将这些特性加以区分，划分为概念性约束、变化规律等，并研究这些特性是否可以改变，以及改变后对决策产生的影响，最后研究决策问题的解决方法。

属性列举法实施步骤如下：

1）将物品或事物分为下列三种属性：名词属性（全体、部分、材料、制法）；形容词属性（性质、状态）；动词属性（功能）。

2）进行特征变换。

3）再提出新产品构想：依变换后的新特征与其他特征组合可得到的新产品。

具体做法是把事物的特性分为名词特性、动词特性和形容词特性三大类，并把各种特性列举出来，从这三个角度进行详细的分析，然后通过联想，看看各个特性能否加以改善，以便寻找新的解决问题的方案。该法实施简单，既适用于个人，也适用于群体。

【案例】一碗面起死回生

> 在"好吃看得见"的康师傅红烧牛肉面红遍大江南北之前，恐怕康师傅控股有限公司董事长魏应州自己也没想到，他的食品王国是从一碗方便面开始构筑的。
>
> 1954年，魏应州出生于台湾彰化，他是魏家四兄弟的老大。4岁时，他的父亲在台湾创立鼎新油脂加工厂，主营蓖麻油、棕榈油等。1978年，他的父亲去世后，鼎新油脂加工厂由四兄弟接管。经过对全国各地的实地调查后，他们发现改革开放后的各地经济建设发展很快，人们的生活节奏日趋加快，方便快速的食品也应运而生了。
>
> 经过分析，他们列举了人们传统饮食方式的缺点和对新的饮食方式的希望，最后决定开发新口味方便面来满足广大消费者的需要。
>
> 1992年8月21日，康师傅投资了800万美元在天津开发区成立天津顶益国际食品有限公司，"康师傅"第一碗红烧牛肉面便诞生了，这款适合大众口味的1.98元一包的方便面，使得"康师傅"几乎一问世便成了人们心中方便面的代名词。1994年开始，"康师傅"相继在广州、杭州、武汉、重庆、西安、沈阳等地设立生产基地，并在全国形成了一个区域化的产销格局。

2. 形态分析法

形态分析法（Morphological Analysis，MA），是瑞士天文学家弗里茨·兹维基（Fritz Zwicky）在1942年提出的。该方法是一种系统化构思和程式化解题的方法，通过将对象各要素所对应的技术形态进行组合，从中寻求创新性设想。弗里茨·兹维基认为它是一种简单的、规则的考虑问题的方法。准确地界定构成系统的要素、全面地分析各要素的技术形态是运用形态分析法的关键。

【案例】第二次世界大战时期"形态分析"法的应用

> 第二次世界大战期间，美国情报部门得知德军正在研制一种新型巡航导弹，但是很难获得有关技术情报。然而，火箭专家兹维基博士却在自己的研究室里轻而易举地搜索出德军正在研制并严加保密的是带脉冲发动机的巡航导弹。
>
> 兹维基博士难道有特异功能？没有。他能够坐在研究室里获得技术间谍都难以弄到的技术情报，是因为运用了他称为"形态分析"的思考方法。

兹维基博士运用此法时，先将导弹分解为若干相互独立的基本要素，这些基本要素的共同作用便构成任何一种导弹的效能，然后针对每种基本要素找出实现其功能要求的所有可能的技术形态。在此基础上进行排列组合，结果共得到576种不同的导弹方案，经过一一筛选分析，在排除了已有的、不可行和不可靠的导弹方案后，他认为只有几种方案值得人们开发和研究，在这少数的几种方案中，就包含有德军正在研制的方案。

1.3.2 创意能力训练

1. 六顶思考帽

所谓六顶思考帽，是指使用六种不同颜色的帽子代表六种不同的思维模式。如图1-8所示，任何人都有能力使用六顶思考帽这种基本思维模式。

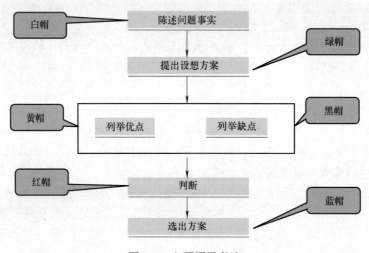

图1-8 六顶帽思考法

（1）白色思考帽　白色代表中立而客观。戴上白色思考帽，人们只是关注事实和数据。

（2）黄色思考帽　黄色代表价值与肯定。戴上黄色思考帽，人们从正面考虑问题，表达乐观的、满怀希望的、建设性的观点。

（3）黑色思考帽　戴上黑色思考帽，人们可以运用否定、怀疑、质疑的看法，合乎逻辑地进行批判，尽情发表负面的意见，找出逻辑上的错误。

（4）红色思考帽　红色是情感的色彩。戴上红色思考帽，人们可以表现自己的情绪，还可以表达直觉、感受、预感等方面的看法。

（5）绿色思考帽　绿色代表茵茵芳草，象征勃勃生机。绿色思考帽寓意创造力和想象力。它具有创造性思考、头脑风暴、求异思维等功能。

（6）蓝色思考帽　蓝色思考帽负责控制和调节思维过程。它负责控制各种思考帽的使用顺序，它规划和管理整个思考过程，并负责做出结论。

2. 六顶思考帽的价值

六顶思考帽是平行思维工具，是创新思维工具，也是人际沟通的操作框架，更是提高团队智商的有效方法。

六顶思考帽是一个操作简单、经过反复验证的思维工具，它给人以热情、勇气和创造力，可以让每一次会议、每一次讨论、每一份报告、每一个决策都充满新意和生命力。这个工具能够帮助人们：

1）提出建设性的观点。
2）聆听别人的观点。
3）从不同角度思考同一个问题，从而创造高效能的解决方案。
4）用"平行思维"取代批判式思维和垂直思维。
5）提高团队成员的集思广益能力，为统合综效提供操作工具。

3. 六顶思考帽的应用

对六顶思考帽理解的最大误区就是仅仅把思维分成六种不同的颜色，但其实对六顶思考帽的应用关键在于使用者用何种方式去排列帽子的顺序，也就是如何组织思考流程。只有掌握了如何组织思考的流程，才真正掌握了六顶思考帽的应用方法。而帽子顺序的组织仅通过读书是难以达到理想效果的。

帽子顺序非常重要，就好比一个人写文章时需要事先计划好自己的结构提纲，以便不会发生混乱，一个程序员在编制大段程序之前也需要先设计整个程序的模块流程，思维同样是这个道理。六顶思考帽不仅定义了思维的不同类型，而且定义了思维的流程结构对思考结果的影响。一般情况下，人们认为六顶思考帽是一个团队协同思考的工具，然而事实上六顶思考帽对于个人思考应用同样拥有巨大的价值。

【案例】六顶思考帽的应用实例

> 1996年，欧洲某牛肉生产企业由于疯牛病引起的恐慌一夜之间丧失了80%的收入。
> 借助六顶帽思考法，该企业组织12个人用60min想出了30个降低成本的方法和35个营销创意，并将它们用黄色帽子和黑色帽子归类，筛选掉无用创意后还剩下25个创意。靠着这25个创意，该企业度过了6星期没有收入的、非常艰难的时刻。

4. 头脑风暴法

头脑风暴法又被称为智力激励法、BS法（brain-storming）、自由思考法，它是由美国著名的创造学奠基人奥斯本于1939年首先创立并使用的，是当前最负盛名、也最具有实用价值的一种以集体为单位创造性地解决问题的方法。其显著特点是"发挥集体智慧，集思广益"，其分类如图1-9所示。

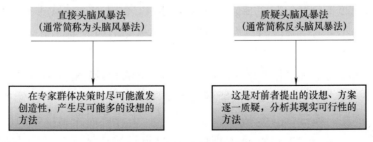

图1-9 头脑风暴法的分类

【案例】百事可乐：新一代的选择

> 百事可乐公司与可口可乐公司之间的竞争十分激烈，尤其是可口可乐公司深入人心的广告形象，令百事可乐公司颇为为难，在推翻了几次设计之后，百事可乐公司专门召开了一次头脑风暴座谈会。
>
> 座谈会要求设计一句富有创意的、独具特色的广告词，待会议主持人宣布了会议要求和规则后，大家七嘴八舌地讨论了起来：有的说百事可乐公司的广告宣传应该注重女性；有的补充说，应该是年轻的女性；有的说应该是年轻人等。于是在大家的集思广益中，"百事可乐，新一代的选择"这句寓意深刻又响亮的广告词就形成了，并在以后的广告宣传中广泛流行开来，成为人们耳熟能详的经典。

（1）头脑风暴的要求　为了提供一个良好的创造性思维环境，应该确定专家会议的最佳人数和会议进行的时间。经验证明，专家小组规模以 10～15 人为宜，会议时间一般以 20～60min 效果最佳。

专家的人选应进行严格限制，便于参加者把注意力集中在所涉及的问题上。具体应按照下面三个原则进行选取：

① 如果参加者相互认识，要从同一职位（职称或级别相同）的人员中选取。领导人员不应参加，否则可能对参加者造成某种压力。

② 如果参加者互不认识，可从不同职位（职称或级别不同）的人员中选取。这时不应公布参加人员的职称，不论成员的职称或级别的高低，都应同等对待。

③ 参加者的专业应力求与所论及的决策问题相一致，这并不是专家组成员的必要条件。但是，专家中最好包括一些学识渊博、对所论及问题有较深理解的其他领域的专家。

头脑风暴法专家小组应由下列人员组成：

方法论学者——专家会议的主持者。

设想产生者——专业领域的专家。

分析者——专业领域的高级专家。

演绎者——具有较高逻辑思维能力的专家。

头脑风暴法的所有参加者都应具备较强的联想思维能力。在进行"思维共振"时，应尽可能提供一个有助于把注意力高度集中在所讨论问题的环境。有时某个人提出的设想可能正是其他准备发言的人已经思考过的设想。其中一些最有价值的设想，往往是在已提出设想的基础之上，经过"思维共振"迅速发展起来的设想，以及对两个或多个设想的综合设想。因此，头脑风暴法产生的结果应当认为是专家成员集体创造的成果，是专家组这个宏观智能结构互相感染的总体效应。

至于头脑风暴法的主持工作，最好是由对决策问题的背景比较了解并熟悉头脑风暴法的程序和方法的人担任。主持者的发言应能激起参加者的思维"灵感"，促使参加者感到急需回答会议提出的问题。通常在"头脑风暴"开始时，主持者需要采取询问的做法，因为主持者很少有可能在会议开始 5～10min 内创造一个自由交换意见的气氛，并激起参加者踊跃发言。主持者的主动活动也只局限于会议开始之时，一旦参加者的积极性被调动起来以后，新的设想就会源源不断地涌现出来。这时，主持者只需根据"头脑风暴"的原则进行适当引导即可。应当指出的是，发言量越大，意见越多种多样，所讨论的问题越广越深，出现有价值设想的概率就越大。

（2）头脑风暴法的优点

① 头脑风暴法的组织形式和基本原则消除了妨碍自由想象的障碍，在平等、自由、愉悦的氛围中联想，有助于更多创新设想的涌现。

② 集体讨论能满足人们社会交往的需要，提高工作效率。在集体环境中，人们更容易产生参与的热情，提高对问题的关注度和积极性。

③ 集体的优势更突出。成员之间相互启发、相互补充，更有利于产生大量有价值的创新设想，体现集体智慧。

（3）头脑风暴法的局限性

① 实施规则不适合所有的头脑风暴群体。按照对象来讲，参与者的领域、背景、数量不同，活动的效果是截然不同的，甚至可能达不到预期的效果。例如，对学校 100 多名学生和对企业 20 名职员分别组织头脑风暴会议，就不能沿用一样的方式和规则，而需要结合特定的环境、参与群体、人员数量，对活动规则进行相应的调整，包括主题调整，将人员较多的活动形式改成分批或分组进行。

② 突发性问题影响活动效果。在集体活动中，不可避免地会受到一些人为因素的影响，如成员间的矛盾、强势人员对会议的支配、专家或权威人员的潜在压力、违背延迟评价后的消极影响等。这些在头脑风暴过程中可能产生的突发事件都会对创意的产生、创新设计的质量产生影响。

③ 效率不高。因为是集体讨论的形式，参与人员众多将耗费大量的时间和精力，而且存在意见取舍的选择难度，因此头脑风暴法不适合解决比较紧急的事情。

尽管在头脑风暴法实施的过程中还存在一些问题，但这些可以通过加强主持人的控制能力、选择与会人员等方式尽量予以避免。而作为一种愉悦的、集体的活动和集思广益的方法，它能让人们敞开思想、畅所欲言，适合于解决产品创意、市场创意、营销创意、销售方法、管理问题、人力资源、规划问题、改善流程等开放性问题，有效地实现信息刺激和信息增值，从而被人们普遍接受并重视。

其他适合团队创新的技法还有六三五法、菲利普斯 66 法、戈登法、KJ 法、集思广益法、德尔菲法、卡片法等，它们都是对头脑风暴法的变形。

【案例】法国某公司的头脑风暴会

法国一家拥有 300 人的中小企业生产的电器产品面对多个企业和它展开市场竞争。该企业的销售负责人参加了一个关于发挥员工创造力的会议后大受启发，开始在公司谋划成立一个创新小组。在冲破了来自公司内部的层层阻挠后，他把整个小组（约 10 人）安排到了农村一家小旅馆里，在以后的三天中，每个人都采取了一些措施，以避免外部的电话或其他干扰。

第一天全部用来训练，通过各种训练，组内人员开始相互认识，他们相互之间的关系逐渐融洽，开始还有人感到惊讶，但很快他们都进入了角色。

第二天，他们开始创造力训练技能，开始涉及智力激励法以及其他方法。他们要解决的问题有两个：首先发明一种其他产品没有的新功能电器；接下来，他们开始解决第二个问题，为此新产品命名。

　　在两个问题的解决过程中，都用到了智力激励法，但在为新产品命名这一问题的解决过程中，经过两个多小时的热烈讨论后，共为它取了 300 多个名字，主管则暂时将这些名字保存起来。第三天一开始，主管便让大家根据记忆，默写出昨天大家提出的名字。在 300 多个名字中，大家记住了 20 多个。然后主管又在这 20 多个名字中筛选出了三个大家认为比较可行的名字。最后，将这些名字向顾客征求意见，最终确定了其中一个。

　　结果，新产品一上市，便因为其新颖的功能和朗朗上口、让人回味的名字，受到了顾客热烈的欢迎，迅速占领了大部分市场，在竞争中击败了对手。

　　从这个例子可以看出，头脑风暴法是一种智力激励，奥斯本借用这个词来形容会议的特点是让与会者敞开思想，使各种设想在相互碰撞中激起脑海的创造性"风暴"。

5. 综摄法

　　综摄法是威廉·戈登于 1944 年提出的。戈登认为，创新不是阐明事物间已知的联系，而是探明事物间未知的联系，采用非逻辑推理等方法，把那些看似无关的东西联系起来，即综摄。综摄法是一种运用类比进行创新的方法，也称为类比思考法、类比创新法，其主要思想是"变陌生为熟悉，变熟悉为陌生"，采用会议的方式进行，如图 1-10 所示。

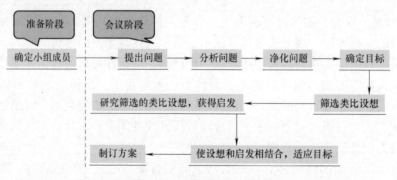

图 1-10　综摄法的解决方案

　　第一个阶段：提出问题，分析问题。创新就是不断提出问题并解决问题，广告的主题就是提出的问题。这个问题可以是外界提出来的，也可以是创意小组自己提出来的。分析问题就是对问题进行简短的分析，先由专家对问题进行解释和概要性分析，这个过程是将陌生的东西熟悉化（异质同化）。

　　第二个阶段：模糊主题，类比设想。主持人引导小组成员讨论，将与问题本质相似的同质问题在会议上提出，而把原本的问题隐匿起来。将具体问题包含在广义的问题中提出，营造一种可以使构思自发产生的条件，以引起广泛的设想，从而激发创造力，然后使广义的问题逐步清晰和具体化，最终完成创意。

　　第三个阶段：自由联想，无限延展。这一过程可以视为一次远离问题的"假日"，也正是综摄法的关键所在。因为目标十分抽象，与会者可以对问题的讨论进行延展。当某些见解对于揭示广告主题有利时，主持人及时加以归纳、予以引导。这一阶段的目的是在于使熟悉者陌生。如对抽象词汇"引力"与"张力"展开类比联想：弹簧的伸缩，拉紧的橡皮，牵引放飞的风筝；编织中的毛衣，字符结构的离散；线团的束缚，伤口的愈合。这些类似联想还可以有更多，其目的是让思维的链条松弛下来。

第四阶段：架构互传，牵强配对。这一步有两种做法，戈登的做法是把类比联想的事物与主题牵强地进行配对，在这种情况下，通常会激发创意。而另一种做法是把两种元素牵强地联系在一起，同时展开幻想并与主题联系起来。不管采用哪种做法，小组成员均需要围绕主题和类比元素展开讨论和研究，直到找出表现主题的创意为止。这一阶段由分到合的目的在于使陌生者熟悉。针对联想与主题进行连接：拉紧的橡皮筋可比喻为我们与家、与亲人的关系——"拉得越开，弹得越疼"。牵引放飞的风筝可叙述为"放线——父母让你闯世界；归根——你让父母享受天伦之乐"。"线团的束缚"延展为电话线缠绕双腿，诉诸"不要让电话线绊住你回家的脚步"。其中许多类比现象均可发展为广告创新的立足点。

第五阶段：实用配对，制订方案。在此阶段，要结合解决问题的目标，对上一阶段类比联想所得的启示进行艺术、技术、经济方面等可行性研究，将创意构思转化为问题的解决方案，并将方案图形化，拟订具体的广告方案。

【案例】冰输油管

> 某南极探险队初次到南极过冬，由于没有经验，在用输送船把汽油运到越冬基地时，才发现输送管的长度不够，又没有备用的管子，如何解决这一问题呢？
>
> 利用综摄法探险队提出了数十种建议，但都有一定的局限性。随后通过净化问题、理解问题等分析过程，最终产生了"用冰来做输油管"的创造性设想。南极非常冷，滴水成冰。
>
> 探险队队长说出了自己的灵感："用医用绷带缠绕在铁管子上，先淋水结冰，再拔出铁管，这样就可以制成冰管子，然后将它们一节节地连接起来，可以做到多长就有多长。"
>
> 在整个创造性构想中，首先是找出用冰管来代替输油管，其次是将绷带的机能由包扎伤口转为包缠铁管。通过已知的事物做媒介，将毫无关联、不相同的知识元素有机地结合起来，也就是提取各种事物的长处，把它们综合在一起，创造性地找出了解决问题的办法。

1.4 创新思想与选择行业

1.4.1 了解个人特质

一个人的心灵世界要比想象中更为广大和深刻。人一生所累积的各种知识，大部分都潜存于脑海中，当遭受强烈刺激后，才会发挥出来，这种潜在的力量是难以估计的。

有则广告说"心有多大，世界就有多大"，如果把自己局限于无能之辈，看轻自己，无疑就是束缚了自己的创新思维。应该学着用新的眼光自我欣赏，试着把自己当作是机智灵活的人，或索性自认为具有超乎常人的能力，只是未加施展而已，只要时机成熟，必然可以成为伟大的人。

找到自己活跃的特质，它的表达对象应该是针对他人的。以它为凭借，除了能帮助我们更了解自己之外，也能激发别人身上潜在的相同特质。举例来说，当你真心希望每个人的生活都能过得很有意义时，如果你自信能做到，自然也会激励别人怀抱相同的信心。所以，发现自我的与众不同是非常重要的事情，那么，可以根据表1-3来寻找自己的个人特质。

表 1-3

序号	问 题	说 明	回 答
1	你认为自己最独特的本质是什么	答案不一定是指才能。应尽可能往内心去找，找到自己的感觉或别人观察到的特殊之处，这应该是他人所没有的。以客观的心情，避免自我批判的态度，好好看清楚	
2	别人为什么需要你	别人可能会告诉你对他们的意义，或者你只能从他们的行为揣测一二。现在仔细想想，你有哪些特别的地方让别人少不了你	
3	在别人眼中，你最可贵的是什么	不论是经过第三者或者由朋友直接告诉你，究竟在他人眼中，你的可贵之处有哪些	
4	当你呈现自己最好的一面时，会显露出哪些特质	有时一个人的长处会不经意地流露，有时则需要刻意地表现。不论是哪种情况，在你展现能力时，观察一下自己，是否会因为刚取得了不平凡的成就，而显得愉快而信心百倍	
5	别人对你的评价怎样	你是不是个开心果，常逗得别人哈哈大笑？还是稳重踏实，给人一种安全感？想想看，别人是怎么说你的	
6	你在哪项特质展现上最为自然	人生该如何升华生命的价值、寻求生命的答案或是如何减轻自身的焦虑感等问题，每个人的答案都不尽相同。你自己的答案是什么	
7	在你展现何种生命特质时会感到自得愉快	这也许发生在你邀请某位朋友的场合中；或是你风尘仆仆大老远赶去帮别人的时候，但是心里却很满足，颇有成就感	
8	你最重视自己哪项特质	就你对自己的了解，一定很清楚如何表现自己长处与能力所在。找出这项优点，便能明了自己的基本价值，也才能进一步知道该如何贡献自己	
9	就你记忆所及，什么特质是你从小到大一直都拥有的	这个特质不断出现，而你乐意与人分享。举例来说，如果你把关怀他人当作是人生目标，希望以此能对他人有所助益，这可能就意味着：原来你乐于奉献，希望能改善周围的一切	
10	当你精力充沛时，什么特质最明显	在日常与人交往的过程中，是不是会突然发现自己所言所行或是分享的经验与观念，竟能带给别人莫大的冲击？或许你会怀疑：那真的是我说的？真的是我做的？我真的有这等贡献和影响力吗？不要怀疑，当你把注意力集中在与人的交往上，他们便会受到你的影响而改变	
11	为什么别人要交你这个朋友	可曾有人告诉你，你对他们是何等重要？你必定具有某些特质，让人特别珍惜，请把那些特质找出来	
12	你有哪些被人视为特殊的特质	你为他人服务时，通常会流露出什么样的特质	

回答上表时不要思考，一旦想得过多，便容易演变成自我批判，最好的办法是，先用一

段时间安静下来，然后让心静下来，然后再回答上表的内容。

创业者在找到个人特质后，则需要加强个人的修养，既要有理性的思想，又要有解决问题的能力，如何加强这两项能力呢，接下来咱们分别讲述。

1. 战略眼光

【案例】营口战略

> 1984年，在我国经营管理界里有一个被称作"营口方式"的成功经验。这个"营口方式"是营口洗衣机厂创造出来的。
>
> "营口方式"是指其制定了一个投资少、见效快、效益显著的战略方向。在此战略下，营口洗衣机厂制定了三个方针：首先，为促进企业尽快成长，走技术引进的道路，引进散装件进行组装，这样可以从中摸索经验再继续前进；其次，同技术输出方进行全面合作，请对方提供全面的技术支持和帮助；最后，对企业进行技术改造，使企业生产手段彻底更新，为今后自力更生打下基础。
>
> 由于其战略方案明确而适用，所需投资只相当于一般技术改造所需资金的百分之几，3年即可见效，这样便形成了年产30万台洗衣机的生产能力。

2. 多谋善断

多谋，就是创业者本身具有系统的观点，要考虑全面，深谋远虑。善断，就是要善于从各种方案中进行优选，并坚决果断地去实行它。这种多谋善断的能力表现在拟制决策方案和抉择决策方案上。

拟制决策方案，就是在目标确定之后，围绕目标的实现，拟定出多个行动方案，在这个过程中，必须依靠专家、智囊。方案一定要有多个，这样才有利于从中进行选优。

抉择决策方案，就是要对提出的各种方案进行全面的评估和论证，从而选定最佳的方案。在这里，要求领导者不仅要善于听取行家的意见，还应有自己的主见。

1.4.2 专门化原则

社会上的行业多种多样，其经营模式也不会一样，只有既符合顾客的要求，又不断提升服务品质，才能拥有稳定的生意。无论是哪一种企业，都必须以"专门化"为经营原则。

对于刚刚起步的创业者来说，在竞争激烈的市场上求得生存和发展并不是一件容易的事，所以如何有效地提高创业之初的竞争力应是每一个创业者优先考虑的问题。实践证明，采取比较单一的"锥型"结构的小公司的生存能力远远高于遍地开花的"网络型"公司的生存能力，这一点应引起创业者足够的重视。

【案例】多点经营的收益

> 日本1965~1970年间盛行房地产投资，接着又流行保龄球馆的经营，此时有许多人认为有机可乘，想借机发大财，纷纷加入投资经营的行列，然而却不如预期的那样，有的人因此吃了大亏而损失惨重。

> 因此，创业者必须有灵敏的观察及理解力，并且要不断追寻构思，才能突破旧有的模式，例如咨询业。目前已经不可能有经营所有种类的"万能咨询业"，而是分工越来越细，如法律咨询、美容院的经营咨询、餐饮业的企管咨询等。
>
> 以商店来说，专门以学生为对象的大众餐厅，或者是以肥胖女性为对象的服饰店，其销售状况都很好。相反的是，一些标榜"老少皆宜"的商店，以多元化的形态经营，其经营收益未必是好的。

1.4.3 集中目标原则

创业者在初涉商海时，总会有这样或那样的顾虑，聪明的创业者一般都有两种心理准备，孤注一掷，但留有退路。这是理智的做法。孤注一掷会使我们目标集中，便于把握，也容易取得立竿见影的成效；留有退路则能使创业者不至于泥潭深陷，无法自拔，同时可以为东山再起创造时机。

凡事只要意志坚定、目标明确，必然可以实现。但是，我们常常不能两者兼顾，在取舍之间总有某些因素影响你的决定。脱离上班生活的人，其放弃职位的动机各不相同，当你决定要脱离上班之前，必先考虑自己的动机为何？脱离上班族的动机，大体上有两个主要因素：一是不愿受人支配，也不想支配别人，向往独立工作的生活；二是希望能赚更多的钱。前者爱好自由，后者追求财富；我们很难断定哪个好，哪个不好，因为各人生活体验所归纳的结论各不相同。重要的是，两者在多数情况下不能兼得，所以必须将目标集中在一点，才能全力以赴地去实现它。

1.4.4 兴趣至上原则

就业之初，可以选择自己有兴趣的行业或岗位，而创业者则应选择自己了解、适合自己的行业，这样才能快速地融入社会。

但是无论从事何种行业，在开始之初的三年内一定困难重重，然而许多人不明白其中的道理，总是抱怨得不到应有的回报，但是唯有经得起三年的严格考验。

三年是很漫长的一段时间，要耐心地过这1000多个日子是件很不容易的事。如果是公司职员，因为有固定收入也有假期可以解闷，因此还能熬得过去。但对独立经营事业者的三年而言，他们每天耗费精神和力气，苦心经营所得的利益却不足以维持生计，因此如果是自己讨厌的工作，就无法长期忍耐；假如是基于自己的兴趣，那么就可以设法克服困难。

因此，根据自我乐趣来选择事业时，你不妨试试这个好办法。

1）应该学会用新的眼光、新的视角来自我欣赏，试着把自己当作具有超乎常人能力的人。

2）做自己感兴趣的事，你就有信心和能力克服一切困难。

1.4.5 谨慎选择原则

所谓"女怕嫁错郎，男怕选错行"，假如你找到了机会，那么，将要考虑的问题就是这项事业的将来如何。那么，究竟哪些事业适合发展呢？一般人选择的行业，大多是在自己原先工作的范围内寻找,其次是亲朋好友推荐的事业。不管怎样,每个人选择的目标是基于获利性、时代性以及将来性等,因此,可以说要完全符合这个标准的事业并不多。

尤其初次创业,不能选择一点儿把握都没有的行业,或风险较大的行业,最好还是先从自己能力范围内的行业去发展较稳妥,不必考虑到10年后的事。

任何行业都有它的生命周期,刚开始的时候,由于不了解这种特性,所以你往往会坠入云雾中,但只要耐心经营,多少会积累一些经验。每项事业都有它的经营法则,如果了解这种特性后,自然会建立起信心架构。要适应这个过程,大概需要几年的时间。

1.4.6 行业选择关键

社会上纷繁复杂的行业很多,如何选择适合自己的行业呢?一般可以从以下两个方面加以考虑。

1. 个人经验

若要创业,可以从事已有工作经验的行业或者在上学中就从事的行业。因为你已在这行业工作了一段时间,就人事和业务的开展上来说可谓已经非常熟悉,这是你的长处、你的无形资产。创业者个人在某专业的经验也是选择行业的最首要因素。

2. 个人学历

现在是创业的大好时机,整个社会环境都为创业者提供了许多便利条件,但每个行业都有其行规,各行业始终会以自己的利益为前提,不会让外人贸然成为其中的一分子抢自己饭碗。无论要立志做一名中医或做一名西医,创业者起码是一名医学学士。你要成为一名会计师(CPA),便要参加相关的考试以取得相应的执业资格。

在创业准备过程中,选择什么行业也许是影响创业能否取得成功的最重要的因素,一旦选择了并不适合你的行业,那么,毋庸讳言,要想获得成功就需要付出更多的努力。因而,在选择行业时,一定要综合考虑、仔细分析、全面观察,然后才能够做出正确的决策。

【扩展阅读】粘钩王——粘得天下

Velcro,中文叫魔术粘,又称为钩毛搭扣带,是由两片尼龙丝织编而成的,一片有微小的钩子,另外一片有微小的环圈,把这两种布料叠压在一起后,它们就牢牢地连接住了,如图1-11所示。

魔术粘是拉链的代替品,它的优点是耐用、质轻、容易拉开、可以清洗、颜色种类多等,因此几乎抢走了拉链、纽扣和鞋带的生意。魔术粘的发明者是一名瑞士工程师,这位工程师在1951年还申请了专利。

1948年的秋天,这名瑞士工程师带着小狗到附近的小山溜达,小狗突然跑进一个长满芒刺的小树丛。工程师为了找回小狗,穿过那片有芒刺的小树丛,狗虽然找到了,但狗的身上都粘满了

图1-11 魔术粘

芒刺小针。这些芒刺小针是小树的种子，你猜猜：树身上长这样带有芒刺小针的种子有什么作用？原来，带有芒刺小针的种子要能贴附在动物毛皮上才能散播到远处，这是自然界生物传播繁殖的功能。

工程师回到家里，花了半天时间才把小狗身上的芒刺小针清理干净，还发现自己的外套和裤子也贴附了芒刺小针，他一个个将其拔掉，但是他又注意到他的皮鞋却是干净的。他一时好奇，就用显微镜仔细观察贴在衣服上的芒刺小针，发现这些芒刺小针拥有很多微小的钩子，而这些钩子整齐地连接在衣服的环圈纹路上。他把拔掉的芒刺小针再压回衣服，它们又和衣服牢牢贴附在一起了。这个观察使他灵机一动：如果能制造出带有小钩子和带有小环圈的布料，就可以模仿这天然方法制造新型的纽扣。

于是工程师专程跑到法国里昂市的纺织厂，找人制造他想象中的纽扣。里昂市是当时世界纺织工业的大本营，好几家纺织厂的设计师都摇头说不可能做出这样的纽扣，但是有一家小纺织厂的年轻设计师觉得好玩，就答应试试看。

经过不断的尝试和实验，他们终于发现尼龙丝在红外线照射下会产生坚硬的小钩子。再经过精细的设计和品质改善，终于做出两种理想的尼龙布料：分别带有小钩和小环圈，把这两片布料叠压在一起时，它们就牢牢地连接住了。如果用力压按这两片布带，它们会结合得更紧密。如果要拉开，先用力拉起一小角儿，其余的就很容易拉开了。

1951 年，瑞士工程师的这项发明获得了瑞士专利，1952 年他就成立 Velcro SA 公司开始经营制造魔术粘。再经过制造程序和方法的改进，1955 年得到改良魔术粘的瑞士专利。虽然制造魔术粘的专利在 1979 年就失效了，但是 Velcro 的商标仍然有保护权。

第 2 章 创业意识与创业环境

思路决定出路，布局决定结局。

有了好的目标才能有前进的动力，创业的过程是锻炼的过程，也是不断学习提高、不断发展的过程。通过创业，可以使自己的事业得到发展，实现自身价值的最大化，可以激活人才资源和科技资源，使得许多新创意、新科技、新发明、新专利迅速转化为现实的产业和产品，实现对社会贡献的最大化。

学习要点：

[1] 了解创业与创业者的概念。
[2] 了解创业意识的特性。
[3] 了解创业的关键要素。
[4] 了解大学生创业的观念、能力等方面的准备。

2.1 创业意识

2.1.1 创业者与创业

传统的创业被界定为创办一个新的企业。但随着创业实践活动的日益丰富，创业领域引起许多学者的关注，不同学科的学者都从自身的研究视角对创业进行了观察和描述，因而创业不断被赋予新的内容。总体而言，对创业的定义主要有以下几种观点：

1）创业是一种能力，能使创业者预见并发现市场机会，为企业带来利润。这种能力体现了创业者的首创精神、想象力、灵活性、创造性和乐于理性思考的特征。

2）创业是一个过程，一个不拘泥于当前资源条件限制对机会进行追寻，实现将不同的资源组合以便利用和开发机会并创造价值的过程。

3）创业是一种行为，一种发起、维持和发展以利润为导向的企业的有目的的行为。

4）创业是企业管理的一种手段和指导思想。这种思想强调通过创新、变化、把握机会和承担风险来创造价值，是一种新创企业和现有企业都可以采用的管理思想。

5）创业是一种思考、推理和行动的方法，它强调机会，并要求创业者有完整、缜密的实施方法和讲求高度平衡技巧的领导艺术。

综合上述观点，创业是创业者在不确定的环境中，通过发现、识别和捕捉创业机会并有效整合资源，获取商业利润，创造个人价值与社会价值的活动或过程。

1. 创业的特性

创业的本质在于把握机会、创造性地整合资源、创新以及快速行动，是具有企业家精神的个体与有价值的商业机会的结合，目的是创造利润和新价值。创业蕴含的基本特性包括以下三点：

（1）创新性　创新是创业的本质和基础，创业是创新的载体和价值体现形式，两者相辅相成，不可分割，并通过有机融合使企业成为自主创新的主体，为企业的持续发展提供原动力。

（2）风险承担性　创业是承担风险的活动。1755年法国经济学家理查德·坎蒂龙便将"entrepreneur"一词引入经济学，并认为创业者或企业家要承担以固定价格买入商品并以不确定价格将其卖出的风险，创业者的本质即承担风险。

根据创业类型及所处行业的不同，创业活动会面临来自市场、资金、机会、技术、管理等方面不同程度的风险，这就要求创业者要具有勇气和胆识，在面对不确定性时采取风险承担的态度制定行动策略和投资决策。创业者的风险承担意愿越高，越倾向于采取开拓性的行为，并保持对市场环境变动的敏感性，从而有利于更快速地捕捉顾客和市场机会，提高决策和行动的速度。

（3）发展性　创业与一般生产活动的区别主要在于它的发展性。就创业本身而言，发展性往往表现为一个企业从无到有、从弱到强、从幼稚到成熟的过程，维持创业企业的健康发展和不断成长是创业重要而基本的任务。利润是企业存在的基础，作为市场行为，创业的直接产出即产品或服务必须具有市场价值并能为企业带来利润。同时，作为社会行为，创业往往是对现实或不久的未来存在的未被解决或未被很好解决的问题进行机会的识别和捕捉，并建立企业，是依赖市场解决社会及生活问题的最有效率的方式。

2. 创业者是谁

法国经济学家萨伊就创业者给出了这样的定义：将经济资源从生产率较低的区域转移到生产率较高区域的人。他认为创业者是经济活动过程中的代理人。

经济学家奈特赋予了创业者不确定性决策者的角色，认为创业者要承担由于创业的不确定性所带来的风险。

经济学家熊彼特则认为创业者应为创新者。后来，创业者概念中又加了一条，即具有发现和引入新的、更好的、能赚钱的产品、服务和过程的能力。

创业者的英文单词是entrepreneur，对于这个词，一般理解为企业家，即在现有企业中负责经营和决策的领导人。但是，我们并不将创业者与企业家完全等同。创业者有两层含义：广义的创业者是指参与创业活动的全部人员；狭义的创业者是指参与创业活动的核心人员，包括创业领头人及其管理团队。由于创业领头人对于创业活动的推动具有核心作用，与其他创业参与者相比，一般具备特殊的特征、素质与能力。因此，创业者既不是指一般含义上的企业家，也不是参与创业活动的全部人员，我们将创业者界定为从事创业活动、创建新企业或者刚刚创建了新企业的创业领导人。

【案例】女首富的创业之道

> 张茵,玖龙纸业有限公司董事长,曾是中国第一位女首富,也是世界上最富有的女性白手起家者。尽管幼时家境清贫,但这依旧没有阻止她对梦想的追求。
>
> 大学毕业后,张茵辗转经历了几份不同的工作,她从这些工作经历中看到了创业的机会,也找到了她的人生定位和创业目标——做"废纸大王"。1985年,她怀揣三万元人民币到香港从事废纸回收,由于她坚持注重诚信,6年时间便在广东东莞成立了自己的公司,可以说从废纸里掘取了第一桶金。
>
> 1990年,张茵开始在美国拓展废纸回收业务并成立了中南控股公司,因为美国不仅废纸资源丰富,并且废纸回收系统极为高效、科学。细心的张茵注意到了别人没有发现的机会:大量运送出口货物的集装箱回到中国时都是空的,于是,她用极低的运费把美国的废纸运到中国。10年间,中南控股公司先后在美国建立了7家打包厂(将收到的废纸打包)和运输企业,成为美国最大的造纸原料出口商,公司业务渐渐遍及全球各地。之后,张茵在东莞投资成立了玖龙纸业,将业务从废纸回收拓展至造纸。玖龙纸业公司抢占商机,在高强瓦楞纸、牛卡纸和涂布白卡纸等产品领域一马当先,在中国制造业蓬勃发展的背景下,成为许多知名企业高质量包装物的供应商,产品供不应求。
>
> 张茵是一位做事非常专注的人,她曾经表示:"玖龙纸业将不会进入新闻纸领域。"从某种意义上来说,资产规模达到百亿元级的玖龙纸业是多元化的,但她投入的所有资源及这些投入形成的产能完全围绕造纸这个核心业务。

通过这个案例可以看出,专注是一个创业者必须要具备的首要任务。

2.1.2 创业意识

创业意识是指人们从事创业活动的强大内驱动力,是创业活动中起主导作用的个性因素,是创业者素质系统中的第一个子系统(即驱动系统)。大学生刚从学校出来,充分了解创业意识是创业的前期准备。

1. 创业意识的要素

(1)创业需求 创业需求是指创业者对现实条件不满,并由此产生的改变现实的愿景,是创业实践活动得以开展的最初条件和基本动力。但仅有创业需求,不等于一定有创业行为,只有创业需求上升为创业动机时,创业实践才有产生的可能。

(2)创业动机 创业动机是指驱动创业者进行创业行为的内部因素。创业动机是一种自我满足的需求,是竭力追求成功的强大的内在驱动力。创业动机是创业行为产生的原动力。

(3)创业兴趣 创业兴趣是指创业者对从事创业行为的情绪和态度的认识指向性。它能激发创业者的强烈兴趣和坚强意志,使创业意识升华为创业实践活动。

(4)创业理想 创业理想是指创业者在创业实践活动过程中形成的、有实现可能性的、对未来社会和自身发展的规划与渴望,是人们的世界观、人生观和价值观在奋斗目标上的愿景。对现状永不满足、对未来不懈追求，是理想形成的动力和源泉。创业理想属于人生理想的一部分，主要是一种职业理想和事业理想，创业理想是创业意识的核心因素。

2. 创业意识的内容

（1）商机意识　真正的创业者，在创业实践过程中，始终面临着捕捉商机、占有市场的考验。创业者必须有较强的市场敏感性，可以宏观地利用环境因素推测未来市场发展的方向，以便做出正确的决策来保证企业的发展壮大。

（2）转化意识　只有寻找商机的意识是不够的，还要有掌控商机的能力，也就是捕捉商机并把商机转化成公司的实际运作和生产活动，获取利润，最终实现企业的经营目标。

【案例】小小袜子专营店

> 在广西桂林有一家袜子店，这家小店不足 $10m^2$，小小的门店，卖的是小小的袜子，而且不是寻常的袜子，是市场上不常见的五趾袜。就是这样的一家小店，卖这样薄利的一个冷门商品，每个月带给店主的收益却超过万元，以致让周围很多精明的商人都大跌眼镜，感到不可思议。
>
> 店主张明仪原来是从江西到广西来打工的。张明仪打了几年工，攒了一点钱，就想自己做生意。但是，做什么生意她却拿不定主意，问周围的朋友，也没有一个人拿得出一个准主意。在这种情况下，张明仪只好自己想办法。最后她看中了袜子专卖店，并且将目标瞄准了那种能将脚趾头分隔开来的五趾袜。这种袜子有一个好处，就是因为将脚趾分隔，使人不容易沤脚，生脚气病。广西常年温暖潮湿，患脚气病的人很多，这是一种迎合市场需要的产品，却因为不够时尚，没有人肯下力气去推广。张明仪就看准了这样一个机会。
>
> 张明仪的决定遭到了朋友们几乎一致的反对，但是张明仪打定了主意，不为所动。她的店很快开张了，第一次就从义乌购进了 1 万双五趾袜，每双的进价在 3~10 元，这批货加上租赁店铺和装修的花费不但用光了她所有的积蓄，还背负了外债。然而，一开始生意就十分不景气，有些冷言冷语开始在张明仪耳边绕来绕去，什么"不听老人言，吃亏在眼前"之类，但张明仪坚持了下来。到第二个月，她就开始赢利，赢利不多，只有区区 1500 多元。此后的经营虽然不时仍会有一些磕磕绊绊，但总的来说还是比较顺利的。现在张明仪靠卖五趾袜，每个月可以稳定获得上万元的收入。对一个小本起家的创业者来说，这就是一笔不得了的收入了。
>
> 非但如此，现在张明仪的五趾袜已经进入了细节经营的境界，冬夏天有冬夏天的袜子，春秋季有春秋季的袜子，质地、款式各有不同，深受消费者的欢迎。

转化意识就是把商机、机会等构思、设想、信息转化为生产力，把个人的知识和才能转化为智力资本、人际关系资本和营销资本。

（3）战略意识　创业伊始需要制订一个科学合理的创业计划，解决打开市场、出售产品等基本问题。创业中期需要制定整合资源的商业策略，转换创业初期的生存目标为发展目标。创业战略要在基于企业发展的基础上来制定，关键要适合自己创业实践的发展阶段和目标要求。在创业过程中应时刻保持一定战略高度，不被一时的成败所左右。

(4) 风险意识　创业者要正确评估自己在创业过程中可能会遇到的风险，一旦这些风险出现，要知道如何规避和化解。风险意识和规避风险的能力是大学生创业实践成败的关键因素。

(5) 勤奋敬业意识　大学生创业，一定要勤奋踏实，不能脱离实际，不能只靠理论支撑。创业时可以从小到大，逐步推进。没有资金、没有人脉都不要紧，关键是要有好的创业思路，要有勇气迈出第一步，这样才有获得成功的可能。

2.1.3　创业意识的培养

创业意识是创业实践活动开展的主观因素，是大学生创业成功的前提条件。创业意识不是天然形成的，而是在后天的学习和生活中，通过一系列的训练激发人的强烈的创业欲望而形成的。大学生创业意识的形成是诸多因素共同作用的结果，下面从社会、学校、家庭、个人四个方面对大学生创业意识的培养进行分析。

1. 社会方面

大学生创业成功不仅依赖于自身的创业意识形成、创业能力培养和学校对创业教育的重视，更需要整个社会对大学生创业的支持。因为个人的行为始终根植于社会环境这一土壤中，要改变个人的创业意识首先必须改变社会环境。

(1) 营造良好的全民创业氛围　新形势下，不仅要倡导大学生创业，还倡导全民创业。在 2014 年 9 月夏季达沃斯论坛上，李克强总理发出"大众创业，万众创新"的号召。他提出，要在全国掀起"大众创业""草根创业"的新浪潮，形成"万众创新，人人创新"的新态势。此后，李总理在首届世界互联网大会、国务院常务会议和各种场合中频频阐释"双创"。第十二届全国人大第三次会议上李克强总理在政府工作报告中强调，打造"大众创业、万众创新"和增加公共产品、公共服务"双引擎"。希望激发民族的创业精神和创新基因，形成全民创业的良好氛围。

(2) 打造自主创业的政治平台　政府应加强对大学生的创业指导，逐步完善创业环境。政府应该提供政策支持，拓宽融资贷款渠道，为创业者提供完善的创业服务。政府要专门成立创业指导机构，组织创业专家采取一对一的方式对已经在创业的大学生提供全程的专业指导，提高大学生创业的成活率。政府应依托学校设立专门的大学生创业培训机构，对有创业意愿并具备一定条件的毕业生开展创业培训，促进其进一步树立创业意识和创新精神，掌握创业所必备的工商、税务、金融、劳动和企业经营等方面的基本知识，了解国家对毕业生开办企业的优惠政策，提高创业的成功率。

2. 学校方面

创业教育是一种新的教育观念，也是一种教育的系统工程。高等院校可以通过各种教育手段激发大学生的创业欲望，形成创业意识，并培养创业能力，使其在充分准备后，走上创业道路，实现个人和社会的双赢。

(1) 更新教育理念，树立科学的创业教育观　高等院校可以把创业教育作为新的教育理念贯穿于高等教育的全过程中。不仅要加强对学生的创业意识培养，使学生认识到自主创业是生存的需要、个人发展的需要和社会进步的需要；更要让学生形成适应时代发展的就业观念。

(2) 建立、建全创业教育课程体系　高等院校要把提升创业技能和培养创新精神作为学校人才培养的基本目标，采取各种教学法，把专业课程教学与创业教育之间建立紧密联系。同时，要根据各个专业的学科结构，将创业教育作为一门必修课程来开设，甚至把创业课程的内容在专业学科上进行渗透。在学科教育中渗透创业教育，这是培养大学生创业意识，提高大学生创业能力的有效途径。

（3）组建结构合理的创业教育师资队伍　一支良好的创业教育师资队伍既要有专职的创业课程教师，传授系统的创业理论知识，又要有兼职的企业家和政府培训机构传授创业的经验及教训。只有这样的创业教师队伍，才能提升大学生的创业能力，培养学生的创业精神。

（4）铺设教育实践环境，营造创业氛围　创业能力的培养离不开实践场所，为了丰富创业教育实践活动，营造创业氛围，高等院校应从以下几个方面加强建设：

① 设立大学生创业空间。吸引有创业意愿的大学生，形成一个属于自己的交流空间，能够在这个空间里分享创业体会，获得创业经验和信息。

② 建立大学生创业基金。鼓励有创意的学生形成创业方案，通过创业专家评估，获得创业基金支持，来度过企业孵化期。同时，吸引社会的风险投资为有前景的创业项目投资。

③ 走产学研结合的道路，创建创业基地。通过校企合作，让学生深入企业，让学生参与企业科研活动，提高大学生的理论水平和实践能力。高等院校要积极创造条件，在校园范围内建立创业模拟实训基地，把部分校内市场适度向学生开放，给学生创业实践的平台，进一步提高大学生的创业能力。

④ 定期举办创业大赛，打造良好的创业环境。美国有些高校，为了鼓励学生创业，会积极聘请一些企业家到学校听学生讲述，因此很多创业计划被买走，最终成为上市公司。高校还可以借鉴此举，调动更多学生的积极性，主动地参加到创业计划中，形成良好的创业氛围。

⑤ 大学生要主动为自己寻求创业实践。大学生需要主动地参与假期社会实践、志愿者服务、勤工助学，结合专业优势和个人特长开展专业服务，或者参加产品推广、服务营销及竞技类活动。这样的实践活动不仅能够为父母减轻经济上的压力，而且也能提高自己的实践能力，为创业提前做好准备。

（5）建立有效的创业教育保障机制　为保证创业教育效果，高等院校必须要建立创业教育保障机制，成立专门的创新创业指导中心，加强对创业教学过程的指导与控制，建立交流平台，密切关注创业实践的内外部环境，及时发现创业教学中存在的问题并加以解决。同时还要建立创业激励的长效机制，增强师生参与创业的积极性。

3. 家庭方面

（1）转变就业观念　早期的高等教育，大学生是时代精英，是天之骄子，读了大学就意味着将有一份稳定的工作。现在，这种观念已经过时了。

有一些边远山区或贫苦地区的家长对大学生的认识还停留在精英教育阶段的层面上，在高等教育大众化背景下的大学生只是"普通的劳动者"，他们同样要接受市场的选择，同样面临着就业与失业的困惑。在高等教育大众化背景下所培养的人才是满足社会多层面需求的各型人才，既要有高级研究人才，又要有专门技术人才，还要有能够自主创业的创新型人才。目前，社会上没有那么多现成的就业岗位，这是社会经济发展的必然趋势。家长应该关注社会变迁，了解就业的发展动态，及时转变传统的观念，紧跟当前的形势变化。

（2）积极为子女创造有利的创业氛围　在对大学生的创业意愿进行调查时发现，父母经商的子女打算创业的比例高达 51.2%，父母曾经经商但现在不经商的子女打算创业的比例为 33.33%，父母没有经商的子女打算创业的比例为 22.9%。这说明了父母的创业行为会带动子女的创业愿望，形成创业意识。

【案例】创业意识是可以遗传的

> 在欧美一些发达国家，家庭非常重视对孩子独立意识的培养。孩子们从小就形成了创业的意识并有掌握相应技能的欲望。美国年轻人创业比率居发达国家之首，这种情况是与他们从小接受独立教育、艰苦创业教育是分不开的。
>
> 戴尔公司的创始人迈克尔·戴尔，12 岁时就尝试通过买卖邮票赚钱；被美国《商业周刊》评为杰出青年创业家的卡斯诺查，14 岁时就成为一家网络软件公司的负责人。
>
> 现在，越来越多的美国青年大胆地抓住机遇，积极创业，努力实现自己的人生理想。

4. 个人方面

（1）树立开拓创新观念　大学生应该意识到，在知识经济时代的环境下，创新是实现自我价值和社会价值的主要手段，是要从适应型就业转变为自主创业的过程。

适应型的就业传统面临创新型的创业冲击，大众化的高等教育立足于时代与市场要求，培养的是具有创新精神和创新能力的复合型人才。

自主创业是历史发展的必然选择，大学生要改变传统的按部就班的就业思想，应该深刻意识到这种就业思想已经成为历史。如果自己的思想观念不能跟上时代的步伐，就会被淘汰。大学生应该具备主体意识，认识到自身肩负的责任，以天下为己任，报效祖国，为自己创业，也为他人创造就业机会，促进社会的和谐发展。

（2）积极参与创业活动　当代大学生要有所作为，就必须顺应历史的发展，积极参与创业实践活动，培养适应环境的能力，以一种积极的心态去面对机遇与挑战。

2.2　大学创业准备

2.2.1　树立创业观念

【案例】敢创业比能创业更重要

> 张华曾经患有小儿麻痹症，技校毕业后，家人都担心她今后的路该如何走。经过深思熟虑，要强的张华决定自己当老板。她发现学校当时还没有打字复印设备，而附近也只有一家打字复印社，于是就在学校门口开了一家打字复印社。
>
> 身体残疾的张华选择了自己创业这条路，将自己的劳动贡献给社会，这样既给许多人带来了方便，也给自己带来了快乐。在许多情况下，不是能否创业，而是能否敢于创业，这也是创业者的一个基本素质。

理想无论大小都需要踏踏实实地去准备,正所谓"台上一分钟,台下十年功",准备得越充分,成功的可能性就越大。创业观念是指人们对创业的行为、价值、方法的看法,包括以下几点:

1. 树立自主创业的就业观

树立自主创业的就业观就是要求创业者对创业进行决策、计划、实践、总结等活动,不断丰富和提高创业实践水平,形成创业的观念。通过创业观念的树立,对提高生活水平和社会经济水平有新的认识,适应就业从计划经济到市场经济的自主择业、双向选择的观念转变。

1)思想决定理想,思想决定行动和速度。大学生的就业思想和对创业的观念、对自我价值的追求决定了大学生创业实践的开展。

2)大学生立志创业,信念比激情更重要,信心比金钱更重要,信心比外援更重要,没有内心强大的信念,就没有拼搏的勇气,因为这是一种强烈的内在驱动力。

3)大学生要增强创业意识,转变观念,树立自信,勇敢创业,把自主创业当作大学生挑战人生的一个择业选择。

2. 创新创业理念

新时代下,政府把支持青年特别是大学生创业作为促进就业的重要内容,形成了"政府促进创业、市场驱动创业、个人自主创业"的生动局面;同时加大扶持力度,完善资金支持、税费减免、户籍迁移等优惠政策,激发创造活力,规范市场秩序,建立创新创业人才评价激励机制,努力营造能创新、敢创业、创成业的良好社会环境。

【案例】军品类电子商务网站

> 铁血网创始人蒋磊是典型的大学生创业者。2001年,蒋磊刚刚进入清华大学,个人计算机还没有在普通学生宿舍出现,他只能去机房捣鼓他的网页,他想把自己喜欢的军事小说整合到自己的网页上,他的"虚拟军事"网页一经发布,就吸引了大量用户,第二天就达到了上百的浏览量。蒋磊很兴奋,于是他把"虚拟军事"更名为"铁血军事网"。
>
> 2004年4月,蒋磊和另一个创始人欧阳凑了十多万元,注册了铁血科技公司。期间蒋磊还被保送清华大学硕博连读学习了一段时间。2006年1月1日,蒋磊以CEO的身份正式出现在铁血科技公司的办公室里。经过12年的努力,目前蒋磊的公司拥有员工200余人,他创办的网站已成为能够提供社区、电子商务、在线阅读、游戏等产品的综合平台。
>
> 新时代,可选择的创业方向也越来越与众不同,令创业者的成功事迹也变得各有千秋。

3. 树立服务观念

创业不仅要获得经济收益,还要服务社会、服务人民,要将产品和服务造福于人民,取信于人民,从创业中实现个人的人生理想和社会价值。

4. 找准定位,合理地规划职业生涯

1)大学生要把职业生涯规划作为实现成功创业的一个首要环节,确立自己未来的发展方向，规划自己就业创业的行业和职业，思考自己努力达到的既定目标。

2）进入学校，大学生就是一脚跨入了社会，竖立正确的目标，并积极自主创新、努力进取、闯劲十足、敢为人先的思想和观念，坚信"人人可创业，处处能成才"。

【案例】组合开起来的生意

> 李明辉性格开朗，待人热情，头脑灵活，善于社交，有一定的管理能力。他既酷爱计算机又做着计算机的生意，也有了一些积蓄，而且身边又结识了众多的计算机爱好者们。由于当今的网络已成为年轻人生活的一部分，李明辉就瞄准了一个赚钱的机会——开一家网吧。
>
> 但是，自己的积蓄不够。经过仔细分析和市场调研后，在一个交通便利又比较热闹的地段，李明辉和几个朋友一起开了一家规模较大的网吧。由于自己做着计算机生意，便在自己进货时，利用厂家优惠，给网吧组装了一批计算机，开网吧的场地是朋友家的，于是少付了3个月的房租，这样几个合资人有钱的出钱，没钱的出力，就这样把网吧运营起来，而且还做得风生水起。
>
> 一年后，李明辉不仅收回了本钱，而且又开了一家分店。

李明辉的成功归功于他对自己有清醒的认识，对市场需求有充分的了解，同时借助于和朋友合作，既解决了资金问题，又壮大了个人的实力，将自己的优势有效地与外部条件结合起来，这样他便成为一名成功的创业者。

对于每一个创业者而言，永远要面对的困难就是资源的匮乏，但是，成功的创业者总是能够利用自己仅有的资源，巧妙地与其他资源整合。也就是说，创业者不仅要有"勇"，还要有"谋"——资源整合的意识。

2.2.2 具备创业能力

创业能力是一种综合性能力的体现，具体来讲可以分为以下几个方面：

1. 创新能力

创新能力是在技术和各种实践活动领域中不断提供具有经济价值、社会价值、生态价值的新思想、新理论、新方法和新发明的能力。其具有以下特征：

1）创新能力是一种以智力为核心的较高层面的综合能力。

2）创新能力是一种运用创造性思维求新、求变、求异的探索能力。

当今社会经济竞争的核心，与其说是人才，不如说是人的创新能力。比如，日本这样一个领土面积很小的国家，之所以能够在第二次世界大战之后迅速发展成世界主要经济实体，依靠的就是全民范围的创新。

【案例】与其人云亦云，不如另辟蹊径

> 19世纪末，有人在美国加利福尼亚州发现了黄金，于是来自世界各地的人都到那里去淘金，这样便出现了历史上著名的淘金热。

> 一位17岁的少年也来到加利福尼亚州,也想加入淘金者的队伍,可看到金子没那么好淘,而且那些淘金的人也很野蛮,他很害怕。这时,他看到淘金人在炎热的天气下干活口渴难熬,便挖了一条沟,将远处的河水引过来,经过三次过滤变成清水,然后卖给淘金人喝。金子不一定能淘到,而且有一定危险,而卖水却十分安全,他很快就赚到了6000美元。这名少年后来回到家乡办起了一家罐头厂,他就是后来被称为美国食品大王的亚尔默。
>
> 成功者往往都是有独到见解的人,他们总是从不同的角度去看问题,进而能不断产生创意,发现新的需求。

2. 人际交往能力和语言表达能力

情商对于管理者而言是在面对挫折时承受能力的体现,也是与朋友、同事交流时的体现,因为情商高的人不但有着较好的人际关系,而且更加善于处理生活中遇到的各方面的问题。

【案例】 巧妙道歉

> 日本神户风光旖旎,尤其是樱花开放季节更是美不胜收。神户有一家庭院式旅馆,每当春夏之交,这里便顾客盈门、生意兴隆。
>
> 可是,有一年,这家旅馆却遇到了一件麻烦事。因为这里气候宜人,所以成了北往南归的燕子的栖息之所。燕子虽有其喜人之处,却也有讨人闲的地方。它们不拘场合随意排便,这就引起了客人的抱怨。日本人非常爱清洁,难以忍受燕子的排泄物,这使旅馆经理非常烦恼。他想将屋檐下的燕巢捣毁,但这样一来,燕粪的问题解决了,却失去了燕舞鸟鸣的庭院气氛。于是,他想了一个妙法——过了不久,旅馆的客人都收到一封奇特的信件:
>
> 女士们、先生们:
>
> 非常抱歉!我们没有征得您的同意就在这里安家了。我们有一些不良习惯,我们的小宝贝们更不懂事,经常给您带来烦恼。但旅馆的经理和服务员是好客的,他们会及时进行清扫,保证您称心满意。
>
> 您的朋友
小燕子
>
> 客人们看到这封信都被逗乐了,于是不再抱怨了。

巧妙的道歉,让旅客消气了,有时候独特的善意表达和幽默也是一种创意,它会带来意想不到的效果。

3. 信息处理能力

信息处理能力是一种借助信息检索工具获取信息和新知识的能力,即信息搜索和处理能力。

如今是计算网络时代,知识随处可见,如何在数以亿万计的知识中快速地检索到对自己有用的知识,以完成工作生活中的各项任务,是创业成功必备的能力之一。

2.2.3 大学生创业准备

1. 知识准备

狭义的创业知识是指有关创业活动、经营管理、创业模式等本身所运用到的相关知识。例如，大学生创业时机的选择、创业模式的确立、创业计划书的编制、开办小型企业的工商税务及法律知识、如何进行工商注册、如何融资等。

广义的创业知识是指对创业实践过程具有指导意义的个体的知识系统及其结构，主要包括专业知识、经营管理知识、综合性知识等。只有系统地掌握了有关学科的基本理论和技能，才能为今后创业打下坚实的基础。

（1）专业知识　专业知识是指一定学科范围内相对稳定的系统化的知识体系，一般与专业、职业能力结合在一起发挥作用。

（2）经营管理知识　经营管理知识是指从事企业经营管理必须具备的管理学、组织结构、产品营销等知识体系。

（3）综合性知识　综合性知识是指发挥社会关系运筹作用的多种专门知识，其中包括英语、计算机水平、企业开办的政策、法规、工商、税务、金融、保险及人际交往、公共关系等知识体系。

在创业知识的构成中，经营管理知识、综合性知识与经营管理能力和综合性能力一样，具有内部资源配置和社会关系运筹的特征，并与经营管理能力和综合性能力结合在一起，共同形成创业能力，在创业活动中发挥作用。

【案例】猪肉大王

> 陈生毕业于北京大学，十多年前放弃了自己在政府中让人羡慕的公务员职务毅然下海，做过白酒和房地产生意，打造了"天地壹号"苹果醋，在悄悄进入养猪行业后，在不到两年的时间内在广州开设了近100家猪肉连锁店，营业额达到2亿元人民币。
>
> 实际上，之所以能在养猪行业里很短时间就能取得骄人成绩，成为拥有数千名员工的集团公司的董事长，还在于陈生此前经历的几次创业"实战经验"：他卖过菜、卖过白酒、卖过房子、卖过饮料。这使他有着独到的见解：很多事情不是具备条件、做好了调查才去做就能做好，而是在自己充分了解这个行业，积累了大量别人不具备的知识之后可以尝试创业。
>
> 虽然走的还是"公司+农户合作"的路子，但针对不同人群，却能够选择不同的农户，提出不同的饲养要求。在这样的"精细化营销"战略下，陈生终于在很短的时间内叫响了"壹号土猪"品牌，成为广州知名的"猪肉大王"。

2. 创业心理准备

创业心理品质是指在创业过程中对创业者的心理和行为起调节作用的个性心理特征。创业心理包括创业心态、创业意志、创业个性三个方面。

（1）创业心态　积极的创业心态是塑造良好心理品质的前提。积极的创业心态要从四个方面加以培养：

① 不少大学生因对创业不了解，以至于对创业产生了恐惧心理，严重阻碍了其自身能

力的施展。应战胜恐惧心理,充分发挥自身的聪明才智。

② 强大的自信心会使大学生创业者坚定地走下去,从而实现预定的创业目标。决心是一种不达目的不罢休的顽强精神,这会让创业者在创业路上信心满满,坚定不移。

③ 高涨的创业热情会让大学生创业者全身心地投入到创业中去,有了热情,便会使其有了排除万难、战胜困难的信心。

④ 大学生创业相对于其他群体来说具有一定的利于其开展创业的自身优势,但是一些大学生创业者在尝到一点甜头的时候,就选择安于现状、不思进取的生活,这样的创业注定不能持久。一个成功的创业者需要有一颗永无止境的进取之心,力求做到最好,这样才能创造出属于自己的辉煌。

【案例】高回报率的诱惑

2008年冬天,张露按网上提供的地址找到北京一家销售木纤维毛巾的加盟连锁公司,听了招商部经理对这种成本低、利润高且风险小的产品推介,她心动了,把从亲戚那里借来的钱全换成了毛巾,并取得该公司在河南省的独家代理权。

接下来的第一个月,张露兴冲冲地跑遍了周边所有学校,但没卖出一条毛巾。然后她又去居民小区推销毛巾,效果还是不好。后来她开始通过网络推销,但两个月过去了,仍没卖出一件产品。目前有小张这样遭遇的大学生不在少数。不少高校毕业生选择了加盟连锁的创业方式。他们从电视和网络等媒体了解到加盟连锁项目的丰厚条件,比如,企业总部提供免费指导,不收取任何加盟费用,进货达到一定数额就能获得额外奖金,低风险甚至无风险等,于是,就开始创业了。张露说,我们一无资金,二无经验,加盟连锁会让自己开店的风险降低很多。可结果却事与愿违。

一些所谓加盟连锁企业深谙大学生创业心理,已为他们准备好连环圈套:品牌在国外已有十几年甚至几十年成功运营史,实际已死无对证;加盟利润很高,经营好了还会返奖金和装修费;有的还会举出许多成功案例,更重要的是,投资成本仅两三万元,再加上优厚的换货条件,风险很小。这么多好处怎能不让大学生创业者心动,心甘情愿汇钱加盟,不主动上钩呢?但是,钱汇走后,加盟者很快发现一切都变了:货物不如样品好,价格虚高,卖不出去;回总部换货,却换到其他加盟商退回的积压品。

在创业中,要做好心理准备,因为创业是一件非常艰苦的事情,尤其在创业初期。像上例中这种,轻松省事、高额回报的所谓"加盟"是不可能存在的,在创业中,创业者一定要对创业项目进行鉴别。

(2) 创业意志 创业意志是指个体能够执着地把创业行动坚持到底以实现目标的心理品质。创业意志主要由三个方面构成,即目的清晰、决策果断、有恒心和毅力。

① 目的清晰:大学生创业者要有很好的创业规划,对自己创业的目标和前景有一个很好的预判。明确的创业目的是让创业者一心一意创业的前提,会让其为之坚持和奋斗。

② 决策果断:这是指大学生创业者要有魄力,敢于承担责任。创业的路途是艰辛曲折的,创业者可能会面临许多选择,这时需要创业者保持冷静的头脑,在短时间内做出正确的选择。

③ 有恒心和毅力:创业是一个艰辛的过程,其中充满了无尽的艰难。当面对困难和挫

折时,大学生们不要半途而废,因为只有恒心和毅力才能助其战胜遇到的困难。

【案例】小小的成功积累冒险的动力

> 创业有时并非需要惊天动地,但必须认真去做,就像季琦的首次创业。一个偶然的机会,他发现刚毕业的研究生师哥有大量日用品要处理,并且价格非常便宜,其中调光台灯是最容易打理的东西,而且新旧差价很大。于是,季琦就收购了大量旧台灯,首先进行修理和清洁,然后再加价卖出去。
>
> 修理调光灯对于学理工的学生来说很容易,最复杂的修理也就是换个电容器;其他的多是清洁与整理工作,多数人都会做;而买入与卖出的差额账连小学生都会算,何况这些大学生。
>
> 整个事情最难的部分就是出售,要出售这些台灯,最好的地点就是每天吃饭的学校食堂门口,摆一个摊儿,一边吆喝,一边贩卖。季琦在做这笔生意时还和班长一起商量,但最后在食堂门口叫卖的只有他一个人。因为在吃饭的食堂里,会碰到同班同学、老乡甚至老师。在食堂门口吆喝,这是多数学生都感到很难为情的事啊!
>
> 但是季琦做了,不但做了,还做得相当成功,当把这批台灯卖出去后,赚了不少钱,虽然相对于日后的成功,这个小小的成功不值一提,但对于在创业路上的新人来说,给了他更大的冒险和尝试的动力。

2.3 创业过程与创业阶段

2.3.1 创业过程

对创业过程的研究主要有两个视角,国外学者奥利夫从创业者个人的事业发展角度出发,将创业过程分为8个阶段,如图2-1所示。

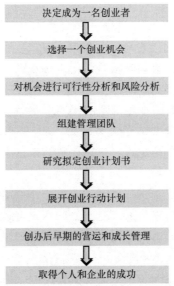

图 2-1 创业过程(从事业发展角度)

创业过程研究的另一个视角是按照时间顺序对创业的发展过程进行阶段划分。在不同的创业时期，不同新创企业的活动侧重点和外部市场情况都会有所不同，所需要的创业管理经验和技能也有区别，需要创业者制定不同的战略，实施不同的行动。基于大量创业的具体实践，可将创业过程划分为机会识别、新企业创立、初创期、成长期和收获期五个阶段，如图 2-2 所示。

机会识别 ⇒ 新企业创立 ⇒ 初创期 ⇒ 成长期 ⇒ 收获期

图 2-2　创业过程（从时间角度）

该过程的核心是企业组织的创建和发展，创业者的所有创业活动都围绕企业组织的良好来运行。这种划分方式可以更清晰地确定创业的主线索，并与创业的各个关键要素相结合，有利于创业者明确创业各阶段的特征和要求。

2.3.2　创业阶段

1. 机会识别阶段

创业者首先为自己的创业选择做好了心理准备，并开始进行有意识的创意挖掘和机会搜集，在瞄准某一商机后，创业者还需进一步建立与之相适应的商业模式，为下一步新企业的创立做好准备。

纽约大学柯兹纳教授认为机会就是未明确的市场需求或未充分使用的资源或能力。机会具有很强的时效性，甚至瞬间即逝，一旦被别人把握住就不存在了。而机会又总是存在的，一种需求被满足了，另一种需求又会产生；一类机会消失了，另一类机会又将会产生。大多数机会都不是显而易见的，需要去发现和挖掘。如果显而易见，总会有人开发，有利因素很快就不存在了。

【案例】不一样的创业机会

1998 年某报纸上一篇《话说指甲钳》的文章引起梁伯强的关注，文中提到朱镕基总理在接见全国轻工业企业代表时拿着指甲钳说：我们生产的指甲钳，剪了两天就剪不动指甲了，要盯紧市场找缺口找活路，他以小小的指甲钳为例，要求轻工企业努力提高产品的质量，开发新产品。

凭着在五金行业摸爬滚打十多年的职业敏感，梁伯强意识到了其中的商机。说干就干，他花费数千万的"学费"不但成为韩国"777"指甲钳的代理，研究别人的技术，并到现场参观。经过多年的努力，他终于拿到了国内有史以来的第一张指甲钳质量检测合格证书。

1999 年 6 月，某特大型企业为了庆祝安全生产 1000 天，准备定做 47 万套修甲套装作为纪念品发放。在世界指甲钳生产史上，还从未有过如此巨大的礼品订单。这引发了包括韩国知名品牌在内的国内外指甲钳生产企业的激烈竞争。经过两个半月的角逐，梁伯强最终以绝对优势战胜对手。

此后，梁伯强还把指甲钳做成"卡通"造型。为了吸引更年轻时尚的消费团体，他还专门成立了一支由 6 个人组成的专职研发队伍，不断地研制新品，不断地申请专利，再把专利和贴牌加工服务捆绑销售给有实力的中间商。这种既做自有品牌，也做贴牌生产的运作方式则帮助梁伯强将他的品牌触角与销售通路体系延伸、覆盖到世界的每一个角落。

2. 新企业创立阶段

创业者找到了商业机会并选择了与之匹配的商业模式后，就可以考虑如何将商业机会转化为现实的企业。进入这个阶段，就意味着创业的真正开始，创业者也将面对创立新企业会遇到的种种问题，并需要在该阶段完成以下几个重要的任务。

（1）组建创业团队　创业活动的复杂性决定了所有的事务不可能由创业者一个人完全包揽，必须通过组建分工明确的创业团队来完成。

（2）编制商业计划　商业计划是创业的一个良好开端，在商业计划书中需要详细阐述新创企业的核心产品及技术、企业面临的市场竞争状况，规划企业的盈利模式和市场前景，同时还需介绍创业团队的组成、创业资源的整合情况以及新创企业的发展战略和企业在未来发展中可能遇到的问题及应对方案等内容。

（3）创业融资　资金是新企业创立中的首要问题，创业融资不同于一般的项目融资，新创企业的价值评估也不同于一般企业的价值评估，因此需要发展一些独特的融资方式，常见的融资方式如图 2-3 所示。

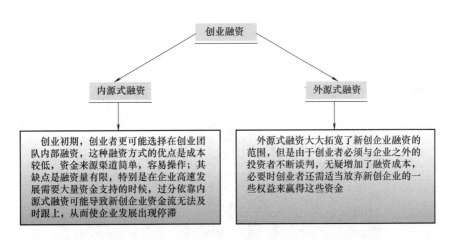

图 2-3　融资方式

（4）开业准备　创业者及其团队应在该阶段确定企业名称、选择适合企业经营特点的地址、设计符合企业发展要求的法律规范，并了解有关企业设立和工商注册登记的有关法律法规，从而赋予企业合法的身份。具体准备工作包括企业工商登记、税务登记、生产、销售、出纳、会计等基本部门和岗位的设立、人员招聘及工作安排、业务程序确定、生产及办公等设备用具的采购等事项。

3. 初创期

初创阶段是企业的高风险期，刚诞生的企业很弱小，对来自市场或企业内部损伤的抵御能力差，因此是对创业管理水平要求最高的阶段。该阶段企业的管理特点有：

1）谋求企业生存是创业者的主要任务。那么如何生存呢？答案是：只有赢利。在这个阶段，企业亏损，赢利；又亏损，又赢利，可能要经历多次反复，直到最终持续稳定地赢利，才算是度过了创业的生存阶段。

2）新创企业外部融资条件苛刻，必须依靠自有资金提高赢利能力。企业可以承受暂时的亏损，但不能承受现金流的中断。创业者必须锱铢必较，像花自己的钱那样花企业的钱，千方百计增收节支、加速周转、控制发展节奏。

3）企业大多采用的是"所有人做所有事"的团队管理方式。尽管企业建立了正式的部门机构，但很少按正式组织方式去运作。典型的情况是哪里急、哪里紧、哪里需要，就都往哪里去，职能划分粗放，工作界限模糊。但是，每个人都清楚组织的目标和自己应当如何为组织目标做贡献，没有人计较得失，没有人计较越权或越级，相互之间只有角色的划分，没有职位的区别。因此，该阶段往往是培养团队精神的关键时期，这种精神也将逐步发展成为未来企业文化的核心。

4）该阶段的领导者通常有比较强的意志，并需要亲自深入企业经营的很多运作细节。如直接向顾客推销产品，与供应商谈判折扣，到车间追踪顾客订单，在库房里装车卸货，策划新产品方案，制订工资计划，甚至让顾客当面训斥等。这种亲力亲为有利于创业者对经营全过程的细节了如指掌，从而将企业越做越精。

【案例】车库法则

惠普公司从车库里开始创业，如图2-4所示，从车库里一步步发展起来，成为硅谷首屈一指的神奇佳话。

图2-4 惠普赖以起家的车库，也是硅谷精神的发源地之一

> 惠普公司自成立以来，虽然也随着企业的快速成长有所改变，但其独特的价值观和公司文化却依然保持不变。据说，惠普公司硅谷办公室的墙壁上，至今还悬挂着一副"惠普风范"的海报，海报的背景就是当年惠普创业时的简陋车库。另外一张贴在墙壁上的"车库法则"也成为鼓励大家开创自己的事业，相信团队，众志成城，改变世界的座右铭。

4. 成长期

初创阶段持续的时间因市场变化和企业自身管理等因素而不同，短则几个月，长则可达 2~3 年。若企业经过了生存的困难期并幸存下来，便会进入快速发展的成长阶段。在该时期，企业的销售额不断攀升，逐渐形成稳定的客户与现金流，并在市场上拥有一定的声誉。随着高素质人才进入企业，企业的整体素质不断提升，同时，企业组织也开始由人员导向向结构导向调整，企业的各种管理制度逐渐完善，控制力也得到加强。资金收入的增加使企业有了进一步扩张的实力，原本非常困难的外部融资也变得较容易。创业者和企业员工都充满自信，甚至有些自豪，整个企业呈现一片欣欣向荣的局面。

5. 收获期

在经历了快速增长后，企业已经达到一定的规模，具有相当的盈利水平，此时，有些创业者为了收获创业价值或被新的创业机会吸引会选择退出企业。对科技型创业企业的创业者而言，主要有三种退出方式：一是通过首次公开发行股份，使创业投资主体持有的不可流通股份转变为可交易的上市公司股票，但该方式对企业条件要求苛刻，费用昂贵，因此所占比例不高；二是转售，即创业者将所持有的股份卖给其他投资者；三是企业并购，常见的做法是企业被某一大公司兼并，创业投资者通过与大公司交换股票从而退出创投企业。当创业投资主体打算尽早撤离，创投企业经营业绩稳步上升且尚不满足公开发行条件或者决定通过战略联盟扩充实力时，企业并购就成为最佳退出方式。企业并购有助于新兴企业充分利用大公司的雄厚资金增强研发能力、提升核心竞争力，收购方则希望借助企业并购完成自身的战略目标。

创业者也可以选择继续独立经营，但为了防止企业出现"家族化"或因为创业者个人能力的限制导致企业发展出现瓶颈，创业者往往需要适时地对自己重新定位，制定企业进一步的发展战略。根据企业的生命周期理论，经历成长期后，企业就会进入发展的巅峰状态——成熟期。但是，这种巅峰状态需要精心呵护才能持久。因为在成熟期，企业会面临创新精神衰退和创新力下降的问题。企业的创新力沉睡时间过长，就会影响到满足顾客需要的能力，导致企业市场竞争力的下降。虽然企业成熟阶段的管理通常不是创业管理研究的范畴，但企业要实现长期发展，同样需要创业精神的激发和维持。

通过对以上五个阶段的分析，结合创业者在创业过程中的事业发展和选择，我们可以构建一个流程模型以更清晰地表达创业过程的各个步骤，如图 2-5 所示。

从理论上讲，结构化的创业流程有助于对创业管理活动的了解，但事实上，创业并没有绝对统一的流程，各种活动之间也没有绝对的先后顺序。在不同的创业案例里，企业的创立和发展存在共性，也存在个性，如不同企业在不同阶段经历的时间长短不一，结果也不同，有的企业可能在机会识别阶段反复进行，以确保机会的可行性，有的企业或许要在获取整合

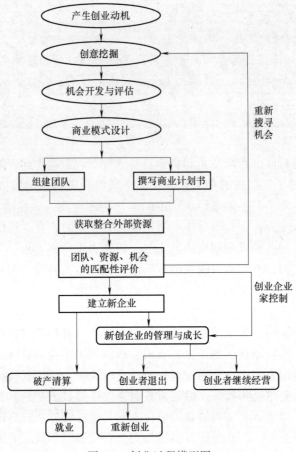

图 2-5　创业过程模型图

创业资源阶段费劲脑汁和心力，而有的企业可能跳过其中的某些流程如撰写商业计划书而直接进入下一阶段。这往往和创业者创业时的情景、创业者的能力及特征、社会资源等因素相关。

【扩展阅读】掉渣饼的灿烂一瞬间

小小烧饼，成就了一个女大学生的创业梦想。年仅 27 岁的晏琳曾是火爆江城的掉渣饼公司老板，短短 5 个月，她的烧饼连锁店就发展到了 22 家。

2001 年 9 月，晏琳大学毕业后，直接进入一家民营环保企业。原本可以挑个轻闲的职位，可她坚持要从具有挑战性的业务员做起。她主要负责推销一些污水处理成套设备。经过几个月的学习，她不但开辟了新的市场，而且也升任为新地区的经理，但一心想有所作为的晏琳，最终还是毅然放弃了那份工作。

在 3 个多月的工作中，晏琳一直在思考着创业的问题，突然有了一个想法：烧饼，当地的土家烧饼。

从小到大，晏琳最爱吃外婆亲手做的烧饼。外婆曾是一家饮食服务公司的技师，做的烧饼远近闻名，而且她知道哥哥学到了外婆的手艺。去卖烧饼的想法遭到家里人和交往 8 年男友的一致反对。但固执的晏琳并没有轻易放弃，好在哥哥答应她一起去武汉试试。

2005年2月，晏琳开始筹备开店。由于缺少资金，她动用了所有的关系，从亲朋好友那里借来了4万多元。她将店面装修得颇有特点，而且给自己的烧饼取了个朗朗上口的名字——"掉渣儿"。接着，晏琳又忙活着购买设备、设计包装。随后，定价也是件头疼的事。经过再三考虑，晏琳决定把烧饼定价为2元。

2005年3月的一天，晏琳的烧饼店开张了。当天凌晨3点，她就起床与哥哥一起忙着揉面粉、烤烧饼。开始担心卖不出去，兄妹俩第一天试探着只做了25kg面粉。令晏琳没有想到的是，仅2h，她的200多个烧饼卖得精光。早晨10点，她不得不提前打烊了。

此后，晏琳欣喜地发现，前来购买烧饼的人越来越多，她每天做多少就能卖多少，生意异常火爆。随着人气越来越旺，晏琳的烧饼名气也越来越大。每当店门一开，晏琳就看见门口排成一条长龙似的队伍，这令她十分欣慰。

2个月后，晏琳在汉口开了第二家烧饼店，旺盛的人气使她再次取得了成功。

2005年7月，为了把市场前景十分看好的烧饼做成品牌，晏琳注册成立了烧饼公司，进行规范运作并扩大规模。烧饼店门前火爆的场面吸引了众多加盟商。短短几个月，晏琳发展了19个加盟店。

晏琳的成功使得烧饼业的生意迅速崛起，安徽徐元宏、上海新道耿伍德等相继出现，并将"土家"文化做了进一步的演绎。

但是，2006年2月中旬，位于上海天钥桥路、合肥芜湖路上的两家土家烧饼店倒闭了，似乎预示着土家烧饼的退热，消费者尝鲜的热情开始退却。紧接着有些网站上以3000元、100元、80元甚至38元的价格公开叫卖土家烧饼的配方、设备材料供货商名录、店头设计标准等资料，似乎更进一步注定了"土家烧饼"走向衰退。到了4月，上海、南京等地更多的土家烧饼店纷纷挂出了"本店转让""设备转让"等告示。自2005年年中至2006年初，在如此之短的时间内，灵感和素材来自湖北恩施土家族风味的烧饼经历了大起大落的"变局"，由起点加速起跑，盛况空前，然后催生各式土家烧饼"百家争鸣"遭遇尴尬，接下来则戛然熄火，土家烧饼黯然落败。

探究其失败原因，主要有以下三点：

1. 商标意识薄弱，缺乏整体规划

晏琳2005年3月份开店，却拖到7月份才开始提出商标注册。作为一个商家最先考虑的应该是对自己商标的保护与占有，而晏琳当时建立"掉渣儿"品牌，只是临时取的一个名字，等到生意火了，才想到要申请商标保护。可见，晏琳缺乏对品牌的经营，对自己的企业经营缺乏整体的规划。

2. 结而不连，联盟松散

"掉渣儿"品牌没有统一的连锁整体，没有统一管理、统一原材料、统一配方、统一物流配送、统一采购，主要是通过母店用技术转让的方式来连锁子店，而这些子店和母店之间并没有互相约束，整个联盟是很松散的；就餐方式是排队购买，用牛皮纸袋装，边走边吃，宣传推广主要靠口碑相传。而肯德基等连锁店店面一般选址于街区闹市；店面规格多为$200m^2$以上，装修标准统一，内部舒适雅致。同时各个连锁店有统一的专业培训。除外卖外，就餐主要在优雅的室内，服务周到。

如果晏琳能够开发一套设计科学、流程合理、高效运转的标准化的可以复制的系统，并以这个系统规范所有的连锁店，以标准化商品、服务和生产设施亮相市场，也许"掉渣儿"

品牌就不会失败。

3. 在丢失独有特色同时，也缺乏创新精神

"掉渣儿"作为小本生意，科技含量较低，它的制胜之处就在于其独特性。晏琳为了扩大企业规模，在短时间内进行特许加盟，一些加盟者对经营模式缺乏了解，盲目加盟。同时加盟门槛太低（加盟费用最低只要1000元），不注意保护核心配方。到了最后甚至有人在网上低价兜售烧饼配方，严重违背了诚信原则。

同时，晏琳在迅速的成功下，没有认清市场形势，缺乏创新精神，导致"掉渣儿"品种单一、口味单一，没有核心竞争力。这也直接导致了在"掉渣儿"烧饼被大量仿冒的情况下无力反击，最终失败。

"掉渣儿"烧饼连锁店本是一个很有民族特色、很有创意的创业模式，却因种种原因而失败，其中的因果关系是值得借鉴与学习的。

第 3 章 创新技法与创业筹措

最有价值的知识就是方法的知识。

创新有捷径吗？答案是肯定的，掌握创新的方法和技巧，就能掌握创新的捷径。我国古语有言"授人以鱼，不如授人以渔"，掌握了创新的方法和技巧，就可以少走弯路，更容易获得创新的成功。

> **学习要点：**
>
> [1] 了解创新技术的基本特点。
> [2] 掌握创新的各种技法的使用，并反复练习。
> [3] 了解创业地点选择的基本选择要点。
> [4] 掌握创业资金筹措的办法。

3.1 创新技法

3.1.1 创新技法的特点与分类

每个人都具有创新的潜力，但仅有创新的潜力、创新的意识，没有创新的方法，创新就永远只能停留在"点子"阶段。好的创意出现后，需要以某种方法或技巧为先导，经过反复的实践和探索，才能取得创新的成功。

所谓创新技法就是指以创新思维的基本规律为基础，通过对大量创新的成功经验进行归纳、分析、总结而得出的创新、创造与发明的原理、技巧和方法。可以说，创新技法就是创新经验、创新技巧及创新方法的总称。它是一种人们根据创新原理解决创新问题的创意，是促使创新活动取得成效的具体方法和实施技巧，是创新原理、技巧和方法融会贯通以及具体运用的结果。

【案例】"石头汤"的故事

> 一个风雨交加的夜晚，有个穷人饿着肚子到一个富人家中乞讨。富人家的厨娘让他立即离开，穷人立刻装出一副可怜的样子，恳求说："我可不可以在厨房的炉子上

烤烤衣服？"厨娘动了恻隐之心，把他放了进来。烤了一会儿火，穷人的身体暖和了起来。

穷人对厨娘说："您能不能把小锅借给我，让我煮些石头汤喝？"石头还能煮汤？厨娘很好奇，为了看他怎样煮石头汤，便把锅借给了他。

拿到锅后，穷人马上找了一块石头，放在锅里煮了起来。刚煮了一会儿，又请求说："麻烦您再给我加点盐好吗？"厨娘又给了他一些盐。接下来，穷人又要来了香菜、薄荷。最后，厨娘还把一些碎肉末放到了汤里。

汤煮好了。穷人把石头从锅里捞出来扔掉，美滋滋地喝起了这锅"石头汤"。

试想如果这个穷人一开始就对那位厨娘说"行行好，请给我一锅肉汤吧"，该会有怎样的结果呢？因此，有一个好的点子，找到正确的方法，才是通往成功的通道。所以，创新技法可以启发人们的创造性思维，拓展创新思维的深度和广度；它能够缩短创新探索的过程，直接产生创新成果；它还能培养和提高人们的创造力和创新能力，促进创新、创造成果的实现和转化。

1. 创新技法的特点

综合来看，创新技法具有以下特点：

（1）应用性　应用性是指创新技法具有一定的引导性和可操作性。创新技法大多数比较具体，不是一般意义上相对模糊、笼统的方法。有步骤、有技巧地运用创新技法，能够有效地引导创新思维进一步深入，也能够把创新理论和创新实践对接，并用于指导实践，从而促使创新思维向创新成果转化。

（2）技巧性　技巧属于"方法"的范畴之一，创新技法在运用时需要丰富的经验与技巧等因素的参与。因此，创新技法的掌握需要多实践、多运用、多练习。一般来说，原理是解决问题的基础，方法是解决问题的前提，技巧是解决问题的保证。

（3）程序化　尽管创新技法主要运用于创新的过程，但是作为一种方法、技巧，必须遵循一定的程序，需要遵守一定的规则，具有明确的实施步骤。有些从创造发明中凝练出来的方法，更加具有严密的逻辑性。

（4）多样性　在人类创新的历程中，由于创新的领域不同、阶段不一样，所面对的问题和使用者不同，相应地有不同的创新技法，而且应用创新技法时必须因人、因地和因时制宜，因此，创新技法的种类越来越丰富，也越来越多。

2. 按照创新活动的范围分类

（1）工艺创新技法　我国秦汉时期的缫（sāo）丝"漂絮法"、三国时期蜀国人蒲元所创造的钢铁冶炼工艺"淬火法"、北宋毕昇发明的"活字印刷术"等，这些由古代劳动人民创造的为世人所瞩目的工艺和技巧，是从成功的创造经验中直观地总结出来，并被用于实践而得到证实的方法。工艺创新技法是创造活动的物质过程和手段，多应用于某些部门或者某项技术，具有一定的特殊性。

【案例】我国古代工艺技法

缫（sāo）丝漂絮法：将蚕茧抽出蚕丝的工艺称为缫丝。原始的缫丝方法，是将蚕茧浸在热汤盆中，用手抽丝，卷绕于丝筐上。盆、筐就是原始的缫丝器具。

> 淬火法：将金属工件加热到某一适当温度并保持一段时间，随即浸入淬冷介质中快速冷却的金属热处理工艺。在我国，铁器的出现可以追溯到 3000 年前，但当时的铁是自然陨铁，而不是人工冶铁。根据考古发现，我国最早的人工冶铁制品出现在春秋战国时期，铁器已经有了斧、铸、凿各种刀具。
>
> 活字印刷术：北宋庆历年间的毕昇发明了泥活字，毕昇的方法是这样的：用胶泥做成一个个规格一致的毛坯，在一端刻上反体单字，字划凸起的部分像铜钱边缘，用火烧硬，成为单个的胶泥活字。为了适应排版的需要，一般常用字都备有几个甚至几十个，以备同一版内重复使用。遇到不常用的生僻字，可以随制随用。

（2）能力创新技法　如重在激发创新性设想的奥斯本的"头脑风暴法"、我国的"和田十二法"以及发明与创新的方法及创新问题的解决方法"TRIZ 理论"等，它们注重的是对主体创新能力的开发和培养，是对创新创造活动的方法指导，具有普遍性意义和广泛的应用价值。

3. 按照创新活动的过程分类

（1）问题提出技法　爱因斯坦说过："提出问题往往比解决问题更重要……而提出新的问题、新的可能性，从新的角度去看旧的问题，都需要有创造性的想象力，而且标志着科学的真正进步。"通过"设问法""列举法"等创新技法，能够帮助我们找到有价值且力所能及的创新点，即"创新什么"。

（2）问题解决技法　这是创新活动的核心部分，也是充分展现主体创新能力的部分，即"怎样创新"，主要包括组合法、逆向转换法、联想法及"TRIZ 理论"等。

【案例】竖鸡蛋

> 哥伦布发现新大陆之后，有人认为哥伦布不过是将船一直开，碰巧遇到了海洋中的一块陆地，完全是靠运气。
>
> 但哥伦布却认为发现新大陆并不是任何人都能做到的。
>
> 在宴席上，哥伦布请人们把鸡蛋竖在桌子上而不倒下来，许多人做了试验，却没有一个人能够立住鸡蛋。最后，哥伦布磕破蛋壳，轻而易举地将鸡蛋立住了，他说："现在谁都会了。"

能够有效地提出问题，再找到合理的解决方法，如果解决者再有些创造性思维，那么活用已有知识，寻找新关系、新方案，并积极主动地运用新颖、独特的手法来解决问题。就如上述中的哥伦布所用的方法，其实答案往往非常平常，只看你有没有这样非常规性的思维。

4. 按照创新活动的主体划分

（1）个人创新技法　创新活动主体为个人时，即可采用缺点列举法、自由联想法、卡片法等创新技法。

（2）团队创新技法　由两人以上的群体共同进行创新创造活动所能够采用的创新技法，如头脑风暴法、六三五法、综摄法和 TEAM 法等。

事实上，各类创新技法在运用过程中并无绝对的界限，是相互交叉、互为补充的。我们在学习、运用创新技法时,要注意"灵活运用"的原则,不为方法所局限。当某些方法成为创新的阻碍时,要勇于突破现有方法,创造新的方法。

3.1.2 设问法

创新的关键是能够发现问题、提出问题。设问法就是以提问的方式大量开发创新点,提出创造性设想的一种创新技法。通过多问"是什么""为什么""如何……",寻找创新发明的途径,帮助人们突破思维与心理上的障碍,从多方面、多角度来引导、拓展创新思路。这种方法的应用范围较为广泛,适用于各种类型的创新,主要包括奥斯本检核表法、5W2H法、和田十二法。

1. 奥斯本检核表法

当我们要出差或者购物时,总会提前把所需要携带或购买的东西罗列出来,做一张清单,方便核对,以免遗漏。在进行创新活动时,我们也需要围绕待解决的问题或创新对象的特点列出表格,用逐一提问的方式确定创新设想。这就是奥斯本检核表法,一种能够启迪思路、开拓想象空间、促进人们产生新设想、新方案的方法,被誉为"创造技法之母"。

亚历克斯·奥斯本是美国创新技法和创新过程之父。他于1941年提出了世界上第一个创新发明技法——"智力激励法"。在他出版的世界上第一部创新学专著《创造性想象》中,提出了奥斯本检核表法。

【案例】日行一创的奥斯本

"日行一创"是美国创造工程学家奥斯本激励自己的座右铭。提到它还有一则生动的逸事。

奥斯本没有上过大学,21岁那年便失业了。一天,他到一家报社应聘,主考人问他:"你有多长时间的写作经验?"奥斯本回答说:"只有三个月。不过请您先看看我写的文章吧!"主考人看完文章,对他说:"从文章来看,你既无写作经验,又缺乏写作技巧,文笔也不够通顺;但是因为内容富有创造性,决定录用你三个月试一试。"奥斯本由此领悟到"创造性"的可贵。

从此,他坚持"日行一创",积极主动地开发自己的创造力,并尽力在工作中发挥出来,果然取得了极大的成绩:他不但被继续留用,而且职位不断晋升,不久就成了一名大企业家。奥斯本的一生从"日行一创"开始,发明了许多创造方法,撰写了著名的《思考的方法》一书,创办了一所专门教授创造工程的大学,成为现代创造工程的权威。

奥斯本"日行一创"的思想于第二次世界大战后传到日本。此时日本正处于经济恢复时期,为了普遍开发日本人的创造力,促进创造发明,加速日本的经济建设,就借用奥斯本的座右铭,掀起了一场着眼于小改小革、小发明的群众性创造发明运动——"一日一案"活动,号召人们立足本职工作,每人每天提出一项革新提案。他们认为:革新与发明不能只依靠少数发明家。因为他们不可能全面了解,也不可能熟悉整个企业生产与经营管理的所有环节。一家企业的革新只有依靠每个部门、每个岗位上的工作人员,动员他们来参加创新,积少成多,聚沙成塔,才能取得真正的成效。

> 日本许多企业开展了这种"一日一案"活动,均取得了很大的成就。有时候就是一项小小的革新或发明提案,便振兴了一家企业,使一个普通的职工一跃成为发明家。日本的企业家经常坦率地说:"我们不担心资源缺乏,我们只怕缺乏革新的创造性。"他们把职工的创造力看作振兴企业最重要的法宝。

奥斯本检核表法共有75个问题,可简化归纳为9个方面,见表3-1。

表3-1 奥斯本检核表

序号	项目	内容
1	能否他用	现有事物有无其他用途?稍加改进能否扩大用途
2	能否借用	能否引入其他创新设想?能否借鉴别的经验、技术?能否模仿别的东西
3	能否改变	能否对现有事物做些改变?可否改变颜色、声音、味道、形状、式样、花色、品种、大小、运动形式、意义?改变后效果如何
4	能否扩大	能否扩大使用范围、增加功能、添加零部件、增加高度、增加强度、增加价值、延长使用寿命
5	能否缩小	能否改变事物的体积、重量、厚度、调整大小、高低、长短、进行拆分、简化、方便化、自动化
6	能否替代	能否用其他材料、元件、原理、方法、结构、动力、工艺、设备代替
7	能否调整	能否对顺序、位置、布局、程序、日程、计划、规格、速度、模式、规范、关系进行调整
8	能否颠倒	事物的上下、左右、横竖、前后、里外、正反、主次、正负、因果能否颠倒
9	能否组合	能否把事物、原理、方案、材料、形状、功能、部件、目的进行组合

奥斯本检核表法几乎可以适用于任何类型、场合和领域的创新,对创新思维具有较强的启发性。它以设问的形式和特定的模式提出,强制人们思考,有利于突破被动型思考的心理障碍。它限定的9个方面基本全面覆盖了思考的各个方向和角度,以发散的形式让人们按照提示的方向寻找创新的实现点,开拓创新思路。下面我们以每一个检核项目为例来说明如何操作。

(1)能否他用 人们从事创造活动时,往往沿这样两条途径:一种是当某个目标确定后,沿着从目标到方法的途径,根据目标找出达到目标的方法;另一种则与此相反,首先发现一种事实,然后想象这一事实能起什么作用,即从方法入手将思维引向目标。后一种方法是人们最常用的,而且随着科学技术的发展,这种方法将越来越广泛地得到应用。

现有事物有无其他用途?稍加改进能否扩大用途?身边有很多事物,想一想除了我们所知道的常规用途,它们还能用来做什么?例如,灯泡除了可以日常照明外,还可以用在哪里?如图3-1所示,它可以做霓虹灯广告、交通信号灯、警示灯、专业摄影灯、浴霸、相框背光灯;可以用到烤箱、微波炉、电冰箱等电器里;可以用于红外线夜视仪、紫外线杀菌器、消毒设备、灭蚊灯、晒图机、荧光显微镜、验钞机;可以做孵化器里的保温灯、促进植物生长的照明灯;现在还流行用废弃的灯泡DIY做成花瓶等工艺品……当我们对现有事物打开想象的大门时,会发现它的用途无所不在。

【小训练】用同样的方法,可以想想生活中常用的物品,比如牙刷、纸杯、饮料瓶可以具有其他什么用途?

a) 灯泡的照明装饰效果　　b) 灯泡花盆　　c) 灯泡水杯

图 3-1　灯泡另作他用

（2）能否借用　俞敏洪说："很多人谈创新，认为就是做别人没有做过的事情，但大部分创新，都是在前人成就的基础上更进一步。如果有人登上珠穆朗玛峰时能带上一个梯子，站在梯子上他就达到了别人从来没有达到的高度。如果说登上珠穆朗玛峰是前人的成就，那梯子就是个人的创新，通过创新达到新的高度。"

一件事物能否引入其他创新设想？能否借鉴别的经验、技术？能否模仿别的东西？从无到有创造出一个新的事物对大多数人来讲是比较困难的事情，而借用别人的方法，对于普通人群，特别是缺乏丰富想象力和未经过专业训练的人来说，则是一种较易取得成功的方法。它在现有事物、学科的基础上，借鉴其他事物或学科的设想、原理、方法、技术等，就可以轻易地实现创新。借用往往是创新创造的起点和启发灵感的钥匙。

【案例】能力借用

有一个盲人和一个瘸子，两人同住在一间房子里。有一天房屋突然失火，而且火势很猛，两个人被围困在房子里，形势危急。盲人想往外逃，无奈看不到路；瘸子也想尽快出去，无奈脚不能行。危急时刻，盲人急中生智，背起了瘸子，四肢健全的盲人和眼睛完好的瘸子，巧妙地组合成了一个完整的"身体"，盲人终于在瘸子的指引下夺门而出，两人从大火中死里逃生。

这就是能力借用。

【案例】功能借用

当德国物理学家伦琴发现"X光"时，并没有预见到这种射线的任何用途。而当他发现这项发现具有广泛的用途时，他感到十分吃惊。通过联想与借鉴，现在的人们不仅已学会用"X光"来治疗疾病，还用它来检查物体。

科学技术的重大进步不仅表现在某些科学技术难题的突破上，也表现在科学技术成果的推广应用上。

（3）能否改变　能否对现有事物做些改变？可否改变颜色、声音、味道、形状、式样、花色、品种、大小、运动形式、意义？改变后效果如何？生活中很多产品的创新都是在原有基础上做些改变，从而满足人们新的需求、赢得市场的。例如，洗衣机的结构一直在改变，如图 3-2 所示，从单桶到双桶、套桶，开门有前开、顶开。而海尔全瀑布双桶洗衣机则是将迷你洗衣机与滚筒洗衣机结合为子母式洗衣机，"母桶"采用立体喷射水流，"子桶"采用垂直水流。人们可以将不同的衣物分开洗，大量衣物同时洗，小件衣物即时洗。这些是结构上的改变。

a) 单桶洗衣机

b) 双桶洗衣机

图 3-2　单桶、双桶洗衣机

再如格兰仕推出的彩色空调，如图 3-3 所示，颠覆了人们头脑中认为空调应当是白色的观念，顾客需要什么颜色，格兰仕的空调就涂上什么颜色，以这场"颜色革命"带来了销售量的大幅提升。这仅仅是在颜色上做些改变。

a) 普通空调　　b) 改变后的空调

图 3-3　空调

如图 3-4 所示，汽车有时改变一下车身的颜色，就会增加美感，从而增加销售量。又如面包，给它裹上一层芳香的包装，就能提高嗅觉诱导力。

a) 汽车颜色的改变　　　　　　　　b) 面包包装的改变

图 3-4　面包和汽车的改变

（4）能否扩大　能否扩大事物的使用范围、增加功能、添加零部件、增加高度、增加强度、增加价值、延长使用寿命？从"增加"的角度对事物做一些改变，让原有事物大一点、多一点、厚一点或许就能够产生新的事物。

【案例】钢笔

美国人沃特曼是一家保险公司的业务员。1884 年的一天，他刚刚从对手那里抢来一份保险合同，当他将鹅毛笔（见图 3-5）和墨水递给委托人，让委托人在合同上签字时，不巧鹅毛笔上滴下来的墨水把文件溅污了，沃特曼赶紧出去再找一份表格，但就在此时他的一个对手乘虚而入，抢去了这份买卖，刚到手的生意就这么丢了。这件事刺激了沃特曼，他决心设计一种能控制墨水流量的自来水笔。

针对鹅毛笔存不住墨水的情况，沃特曼想到了毛细管的原理，植物就是靠此原理克服重力将汁液输送到枝叶上去的。沃特曼在连接墨水囊和夹子的一根硬橡胶中钻了一条头发丝般粗细的通道，在墨水囊中放进少量空气，使内部的气压与外面平衡，这样只有在夹子上加压，墨水才能流出来，后来人们又设计出带毛细管的笔舌和有细小裂缝笔尖的钢笔（见图 3-6）。

图 3-5　鹅毛笔　　　　　　　　　　图 3-6　钢笔

从此，钢笔代替了欧洲人长期使用的鹅毛笔，开始广泛使用了。

钢笔对鹅毛笔有了巨大的改变,同样还可以对物品进行改变。

① 对面积进行扩大:把帽檐扩大,可以创造出适合抱小孩的、母亲用的"帽伞";把雨伞、遮阳伞加大,就有了适合电动车、自行车使用的多用伞。

② 延长使用寿命:对袜子易磨损的袜头和袜根部分加固加厚以使袜子更耐穿。

③ 添加附加功能:法国科学家贝奈狄特斯将一层聚碳酸酯纤维层夹在两层玻璃中间,制成了一种防振、防碎或防弹的安全玻璃,让玻璃具备了新的性能。

(5) 能否缩小　能否改变事物的体积、重量、厚度,调整大小、高低、长短,进行拆分、简化、方便化、自动化缩小是和扩大相对应的方法,思路沿着相反的方向,对事物进行压缩、拆分、省略、分解,从而产生新的事物。对事物的体积进行调整而进行的创新是较为常见的方法。

目前市面上很多功能强大的数码相机,体积较大,主要是专业人士及摄影发烧友购买。如图3-7所示,一些数码相机厂商打着"小巧、轻便、便携、时尚"的广告,重点推出卡片机,缩小体积,赢得了大众消费者的喜爱。

a) 老式相机　　　　　　　　b) 卡片相机

图 3-7　对相机的改变

方便、简化也可以是产品的创新,例如,速冻食品、方便面、方便米饭的出现迎合了时代的快节奏,方便了人们的生活,如图3-8所示。

a) 方便米饭　　　　　　　　b) 方便火锅

图 3-8　方便食品

还可以是理念的创新,如全球快餐巨头麦当劳快餐店,把为顾客提供便捷、周到的服务放在首位,站在消费者的角度考虑问题,每位服务员都身兼数职,负责照管收银机、开票和供应食品等,把所有的食物都事先盛放在纸盒或纸杯里,顾客只要排一次队,就能取到他们所需的全部食物,这种化繁为简的经营模式赢得了成千上万消费者的欢迎。

【案例】圆珠笔

> 圆珠笔是 1938 年由匈牙利人拉兹洛·比罗发明的。后来虽然经过多次改进，但仍然存在不足，尤其是圆珠笔的漏油问题非常严重。1950 年，日本的中田藤三郎发现圆珠笔漏油是笔珠磨损变小导致的。因此，他首先想到采用坚硬、耐磨的材料做笔珠来解决这个问题，但是，笔芯头部内侧与笔珠接触的部分因磨损变大，漏油问题仍然未能得到有效解决。面对这种困境，中田藤三郎改变了思路，发现当圆珠笔写到 25 万字左右时，笔珠就变小并出现漏油现象。于是他想到，既然如此，为何不减少笔芯容量，使它写到 25 万字左右时将油墨用完，问题不就解决了吗？于是，中田藤三郎按照这个思路进行实验，减少油墨量，这样，圆珠笔的漏油问题就解决了。他还把改进后的圆珠笔装到笔套里，命名为"自动圆珠笔"，并申请了专利，这就是我们经常使用的在市场上畅销不衰的圆珠笔。

（6）能否替代　能否用其他材料、元件、原理、方法、结构、动力、工艺、设备等代替。替代的创新主要是指用新的材料、元件、技术、方法等代替原有的要素，以便有更好的性能、更高的质量、更低的成本。这也是现实生活中十分常见的一种产品创新方式，通过替换性能相似、更易获取、价格更低、更环保的新能源、新材料和新技术，可以提高产品的工艺性能、质量特性及商业效果。如图 3-9 所示，英国人发明出一种碳纤维自行车，通过模子制成整体型车架结构，因无焊点而强度更高、重量更轻，英国选手克里斯·博德曼凭着这种

a) 老式自行车（车上到处都存在着焊接口，并且重量高）

b) 碳纤维自行车（采用新型材料，全车没有焊接口，材质非常轻）

图 3-9　自行车材质的改变

自行车在全英自行车锦标赛上大出风头。

如图 3-10 所示，用镀金代替资源稀缺的黄金做饰品，同样美观，可以以假乱真。

a) 黄金饰品　　　　　　　　　　b) 镀金饰品

图 3-10　用镀金代替黄金

如图 3-11 所示，用人造产品，如人造丝绸、人造皮革、人造大理石等代替日趋匮乏的天然资源。

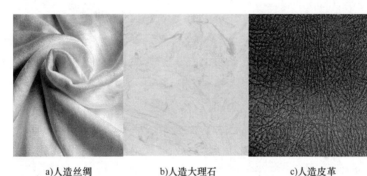

a) 人造丝绸　　　　b) 人造大理石　　　　c) 人造皮革

图 3-11　用人造产品代替天然资源

除此之外，如用充氩的办法来代替电灯泡中的真空，使钨丝灯泡提高亮度。通过取代、替换的途径也可以为想象提供广阔的探索领域。

（7）能否调整　能否对事物的顺序、位置、布局、程序、日程、计划、规格、速度、模式、规范、关系进行调整？对原有事物进行重新安排、排序，换个角度看待问题，也能产生创新性的设想。例如，商场、超市节假日期间延长营业时间，增加宣传海报、装饰物等；增加产品促销手段，如折扣、"买送"活动等；对时间、布局及销售方式进行调整，以获得更好的经营效果。

【案例】飞机的诞生与调整

人类自古以来就梦想着能像鸟一样在太空中飞翔，直到 1903 年，由莱特兄弟设计制造出了第一架依靠自身动力载人飞行的飞机——"飞行者"1 号，如图 3-12 所示，并且试飞成功。

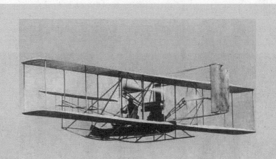

图 3-12　人类历史上第一架飞机

在飞机诞生的初期，螺旋桨安排在头部（见图 3-13），后来，将它装到了顶部，成了直升飞机，喷气式飞机则把发动机安放在尾部，这说明通过重新安排可以产生种种创造性设想。商店柜台的重新安排、营业时间的合理调整、电视节目的顺序安排、机器设备的布局调整，所有这些都可能产生更好的结果。

图 3-13　早期飞机的调整变化

互联网时代到来带来的重要性不亚于工业革命的商业模式创新，如连锁业中的前店后院、整店输出、直销模式，IT 业中的电子商务（B2B、B2C、C2C）、2.0 社区模式，服装业的 ppg 模式等，它们能为企业带来战略性竞争优势，成为新时期企业应具备的关键能力。

【案例】键盘的排序调整

计算机键盘是从英文打字机键盘演变而来的，最早的打字机确实是 ABCDE 这种顺序键盘，但 QWERTY 键盘的出现是为了降低打字速度：因为后来人们发现，如果打字速度过快，某些键的组合很容易出现卡键问题（这是由于当时的工业水平，还无法解决的机械设计问题），于是克里斯托夫·拉森·肖尔斯发明了 QWERTY 键盘布局，他将最常用的几个字母安置在相反方向，最大限度地放慢敲键速度以避免卡键。

肖尔斯在1868年申请专利，1873年使用此布局的第一台商用打字机成功投放市场。

后来有了计算机，当然就沿用了打字机的顺序，因为人们已经习惯了。这就是今天键盘的排列方式出现的原因。

（8）能否颠倒　这是一种反向思维的方法，它在创造活动中是一种颇为常见和有用的思维方法。第一次世界大战期间，有人就曾运用这种"颠倒"的设想建造舰船，建造速度也有了显著的加快。

事物的上下、左右、横竖、前后、里外、正反、主次、正负、因果能否颠倒？颠倒主要是指运用逆向思维方式从相反的方向着手寻找创新途径的一种方法。很多事物都存在相反的两个方面，如上与下、左与右、前与后、内与外、开与关、正与反等，人们往往只注意到一面而忽视了相反的一面，从而错失了许多创新机会。如果我们用叛逆、颠覆的眼光认真观察周围的事物，或许会产生一些全新的事物。

例如，如图3-14所示，把皮革里外反过来，就成为翻毛制品。

a) 翻毛皮衣　　　　b) 翻毛皮鞋

图3-14　翻毛制品

如图3-15所示，从耐用的物品到廉价、卫生、方便的一次性筷子、饭盒、纸巾。

电风扇依靠电力转动的原理颠倒过来就可以设计出风力发电机。在服务业中，如果老板能够做到换位思考，从顾客的角度设想他们的需求，将会发现一些改进管理的好方法。

（9）能否组合　能否把事物、原理、方案、材料、形状、功能、部件、目的进行组合？组合是把现有事物的各个要素联系起来、重新架构，从而而获得新事物的方法，其形式主要包括叠

图3-15　一次性用品

加、复合、化合、混合、综合等。在生活工作、生产科研、服务管理等各种社会活动中，组合创新经常发生，是当前比较常用、较为核心的创新方法。

例如，美国苹果公司把 MP3 和 iTunes 组合起来变成 iPod，如图 3-16 所示，把 iPod 和手机组合起来变成 iPhone。

a) 把MP3和iTunes组合起来变成iPod　　b) 把iPod和手机组合起来变成iPhone

图 3-16　苹果公司的组合产品

还有日本为智能手机从不离手的年轻人推出了一款被誉为"用餐神器"的新产品——带插槽的面碗（见图 3-17），可以让人们在单独用餐时观看手机上的各种视频和电子书，有关专家正在着手研究给插槽添加充电的功能。

图 3-17　日本推出的用餐神器

从以上 9 个方面可以看出，运用奥斯本检核表法进行创新，首先需要选定一个有待改进的主题或对象，然后在原有的基础上加以改进完善。因此，对于产品创新、设计创新来讲，这种方法基本属于改进型的创意产生方法。而如果把一种原理引入另一个领域，也有产生原创型创意的可能。我们还可以运用此方法设计一些其他的产品，充分挖掘创造。

【案例】奥斯本检核表法小训练

此处，我们借用日本明治大学川口寅之助的训练内容，看看你能否快速回答出下述问题？

1) 某项事物能否节约原料？最好是既不改变工作，又能节约。
2) 在生产操作中有没有由于它的存在而带来干扰的东西？
3) 能否回收和最有效地利用不合格的原料在操作中产生的废品？能否使之变成其他种类具有商业价值的产品？

4）生产产品所用的零件能否购买市场上销售的规格品，并将其编入本公司的生产工序？

5）将采用自动化而节约的人工费和手工操作进行比较，其利害得失如何？不仅从现在观点看，而且根据长期的预测，又将如何？

6）生产产品所用的原料可否用其他适当的材料代替？如何代替，商品的价格将如何？产品性能改善情况怎样？性能与价格有何关系？能否把金属改换成塑料？

7）产品设计能否简化？从性能上看有无加工过分之处？有无产品外表看不到而实际上做了不必要加工的地方？这时，首先要从性能着眼，考虑必要而充分的性能条件，其次再考虑商品价格、式样等。

8）工厂的生产流程有无浪费的地方？材料处理对生产率影响很大，这方面的改进还可节省工厂的空间。

9）零件是从外部订购合适，还是公司自制合适？要充分考虑工厂的环境再做出有数量根据的判断，从而能在大家都认为理所当然的事情中发现意外的错误，只凭常识是不可靠的。

10）查看一下商品组成部分的强度计算，然后考虑能否再节约材料。

2. 5W2H 法

"5W"是五个英文单词的词头，即"WHAT、WHO、WHEN、WHERE、WHY"，翻译成中文就是"何事、何人、何时、何地、何因"，这原本是新闻写作的五大要素。"2H"也是两个英文单词的词头，即"HOW、HOW MUCH"，翻译成汉语是"怎样做、需要花费多少"5W2H法提出7个方面的问题，发现解决问题的线索，寻找发明思路，进行设计构思，从而获得解决方案或创新方案。具体的应用程序如下：

（1）原因　为什么？为什么要这么做？理由何在？原因是什么？为什么要创新？创新的重点是什么？为什么要这样设计制作（颜色、形状、声音、规格等）？

（2）对象　做什么？研究什么问题？做什么工作？条件是什么？目的是什么？重点是什么？功能是什么？规范是什么？关系是什么？

（3）地点　何处？在哪里做？从哪里着手创新、改造、改变、到哪里结束？

（4）时间　何时？什么时间开始？什么时间完成？什么时机最适宜？多长时间最合理？什么时间是关键点？

（5）人员　何人？由谁来承担？谁负责？谁完成？谁协助？和谁有关系？

（6）方法　怎样做？流程是什么？方法是什么？如何节约成本？如何实施？如何提高效率？如何避免失败？

（7）程度　多少？做到什么程度？投入多少？规模多大？范围多大？数量多少？质量水平如何？费用如何？产出如何？能维持多长时间？

【案例】丰田，五个为什么？

丰田汽车公司可说是现今全世界备受瞩目的日式经营标杆企业之一，其持续改善、提升效率、降低成本等经营哲学，让包括通用、福特在内的几大美国汽车公司，都因采用了丰田的生产模式而大大改善了生产效率。

在丰田模式的"找出根本原因"中，有一个著名的"五个为什么"分析法，就是问五次为什么。因为想要真正解决问题，必须找出问题的根本原因。丰田汽车公司前副总裁大野耐一曾举了一个例子来找出停机的真正原因：

问题一：为什么机器停了？
答案一：因为机器超载，熔丝烧断了。
问题二：为什么机器会超载？
答案二：因为轴承润滑不足。
问题三：为什么轴承会润滑不足？
答案三：因为润滑泵失灵了。
问题四：为什么润滑泵会失灵？
答案四：因为它的轮轴耗损了。
问题五：为什么润滑泵的轮轴会耗损？
答案五：因为杂质跑到里面去了。

经过连续五次不停地问"为什么"，才找到问题的真正原因和解决的方法，在润滑泵上加装滤网。

如果员工没有以这种追根究底的精神来发掘问题，他们很可能只是换根熔丝草草了事，真正的问题还是没有解决。

【案例】杰弗逊纪念堂的侵蚀

美国华盛顿广场有名的杰弗逊纪念堂因年深日久墙面出现裂纹，为能保护好这幢大厦，有关专家进行了专门研讨。

最初大家认为损害建筑物表面的元凶是侵蚀的酸雨。通过进一步研究，专家们却发现对墙体侵蚀最直接的是每天冲洗墙壁所含的清洁剂，它对建筑物有酸蚀作用。

问题一：每天为什么要冲洗墙壁呢？
答案一：是因为墙壁上每天都有大量的鸟粪。
问题二：为什么会有那么多鸟粪呢？
答案二：因为大厦周围住着很多燕子。
问题三：为什么会有那么多燕子呢？
答案三：因为墙上有很多燕子爱吃的蜘蛛。
问题四：为什么会有那么多蜘蛛呢？
答案四：因为大厦四周有蜘蛛喜欢吃的飞虫。
问题五：为什么有这么多飞虫？
答案五：因为飞虫在这里繁殖特别快。
问题六：为什么飞虫在这里繁殖特别快？
答案六：因为这里的尘埃最适宜飞虫繁殖。

> 问题七：为什么这里的尘埃最适宜飞虫繁殖？
> 答案七：因为打开的窗阳光充足，大量飞虫聚集在此，超常繁殖……
> 由此发现解决的办法很简单，只要关上整幢大厦的窗帘。此前专家们设计的一套套复杂而又详尽的维护方案也就成了一纸空文。

问题的解决方案既有"根本解"，也有"症状解"，"症状解"能迅速消除问题的症状，但只有暂时的作用，而且往往有加深问题的副作用，使问题更难得到根本解决。"根本解"是根本的解决方式，只有通过系统思考，看到问题的整体，才能发现"根本解"。我们处理问题，若能透过重重迷雾，系统思考，追本溯源，总揽整体，抓住事物的根源，往往能够收到四两拨千斤的功效。

另外，除了运用5W2H法的7个设问进行提问外，在项目、工序、操作、产品的各阶段、各方面，还可以从宏观到微观逐步深化地想出其他问题，对问题的回答、分析也要按照不同阶段、不同对象而改变，可以用5W2H法分析消费者购买行为。

3. 和田十二法

和田十二法指人们在观察、认识一个事物时，若能从加一加、减一减、扩一扩、缩一缩、变一变、改一改、联一联、学一学、代一代、搬一搬、反一反、定一定的角度出发来进行思考，就能从中受到启发，产生许多创新性设想。

和田十二法和奥斯本检核表法十分相近，其具体内容如下：

（1）加一加　把一件物品加大、加高、加长、加宽、加厚、加多、组合，会变成什么样子？

（2）减一减　把物品减轻、减少、减短、减窄、减薄、减低、省略、分割，可以变成什么？把原来的操作减慢、减时、减次、减序会有什么效果？

（3）扩一扩　把物品放大、放宽、扩展功能、扩大应用领域，会有什么变化？

（4）缩一缩　把原有物品压缩、缩短，能变成什么东西？

（5）变一变　物品在形状、颜色、功能、结构、浓度、密度、音响、味道、气味、对象、场合、时间、顺序、方式上能否改变？

（6）改一改　物品的缺点、不足、不便、不安全、不美观之处如何改进？

（7）联一联　该事物与哪些事物可以联系起来形成新的事物？联一联是把表面上不相关的事物联系在一起，获得出奇制胜的效果。

（8）学一学　其他事物的形状、结构、方法、颜色、性能、规格、功能、动作等，是否有值得学习和模仿之处？

（9）代一代　能否用别的事物、材料、方法、工具来替代？

（10）搬一搬　把事物、设想、技术搬到其他地方，会不会实现创新？

（11）反一反　把事物的形态、性质、功能、正反、前后、上下、横竖、里外颠倒一下，会有什么效果？

（12）定一定　它是指为改进某种事物而确定标准、型号、顺序，或者为提高效率、避免失误而确定界限、规范，从而产生的创新。

【案例】廉价航空公司

> 在整个民用航空界有一个"不老的传说"——美国西南航空公司。它不但被比喻成全球低成本航空运营模式的鼻祖,而且能够在美国"遍地哀鸿"的民航领域中一枝独秀,连续保持盈利。
>
> 美国西南航空公司只开设中短途的点对点航线,没有长途航班,更没有国际航班,时间短、班次密集;把每班空姐减少两名,降低飞机票价格;不提供餐饮服务——一般航空公司的空姐都询问:"您需要来点儿什么,果汁、茶、咖啡还是矿泉水?"而西南航空公司的空姐则问:"您渴吗?"只有当乘客回答"渴"时才会提供普通的水,从而减少服务人员,省去一笔昂贵的加热设施(热饭等)费用,省下的空间还可以再增加6个座位,也便于打扫卫生;机型统一为波音737飞机,因而机械师、零部件以及飞行员的培训都是统一的,大大节约了成本;地勤人员也少而精。通过采取各种降低成本的策略,它成为一家从1973年开始每年都盈利的航空公司。

3.1.3 列举法

列举法是一种对具体事物的特定对象(如特点、优缺点等)从逻辑上进行分析,并将其与创新有关的方面列举出来,再针对列出的项目思考、探讨如何改进、实现创新的方法。常用的列举法有以下几种:希望点列举法、缺点列举法、优点列举法、属性列举法和信息列举法。我们重点介绍前两种常用的创新技法。

1. 希望点列举法

希望是人们心理期待达到的某种目的或期望出现的某种情况,是对美好愿望和理想的追求,是创新、创造、发明的强大动力。希望点列举法就是以人们提出的种种希望或愿望作为出发点,通过分类、归纳、列举、整理得出新的创新方向或目标的创新技法。它的特点是运用扩散性的想象去发现问题、解决问题。人们对现有的或未知的事物提出要求,"希望……","要是……就好了",按照创新者的意愿提出各种新设想,因此希望点列举法既适用于对已有事物进行改进,又适用于新产品的开发和新方法的创建。它可以不受原有物品的束缚,所以是一种积极主动的创造技法。

千百年来,人们一直梦想飞向天空、飞向宇宙,于是就产生了飞机、宇宙飞船;人们一直渴望行进的距离更远、时间更短,于是就有了轮船、火车、汽车、地铁;人们一直渴望成为"千里眼"和"顺风耳",于是就有了收音机、电视机、计算机……按照希望点所对应的对象,希望点列举法可以分为两种:目标固定型和目标离散型。

(1)目标固定型 目标固定型是指以确定的对象为目标,通过列举希望点,形成对该对象改进和创新的设想或方案,是对现有事物本身存在的不足和缺点进行改进的希望。因此,可简称为"找希望"。

(2)目标离散型 目标离散型是指没有确定的目标和对象,通过对全社会各层面的群体在不同时间、地点、条件下列出的希望点,寻找创新的设想或方案,满足人们新的需求和要求,可简称为"找需求"。这是企业进行产品创新较为常用的方法。例如,针对消费者的需求进行产品创新,就要对消费需求的宏观趋势与特点有所了解。西方学术界把当今消费潮流概括为9个英文字母(A、B、C、D、E、F、G、H、I):

① 舒适(Amenity):追求舒适的生活。
② 美观(Beauty):追求美的倾向。
③ 文明(Culture):追求文明品位的趋向。
④ 优雅(Delicacy):追求格调的倾向。
⑤ 经济(Economy):希望实惠的心理。
⑥ 时尚(Fashion):追求时尚、时髦的心理。
⑦ 饮食(Gourmet):追求美食。
⑧ 健康(Health):重视健康的心理。
⑨ 知识(Intelligence):追求知识的心理。

以上9点就是消费者提出的希望点,产品创新要满足消费者追求舒适的需求、美观的需求、文明的需求、优雅的需求、经济的需求、时尚的需求、饮食的需求、健康的需求、知识的需求等。因此,企业在改进原有产品、进行产品创新之前往往采用市场调查的方式了解消费者的需求。

【案例】松下电器:创新只为生活

秉承"ideas for life"的理念,松下电器将创新进行到底,不断为消费者打造更加舒适、更加愉悦的生活方式。

洗衣机——创新技术满足多种洗衣需求

在创新方面,松下洗衣机可以说是独占鳌头,旗下的斜式滚筒洗衣干衣机阿尔法系列就有五大创新,充分满足消费者对洁净、健康、低碳等多种需求,如图3-18所示。

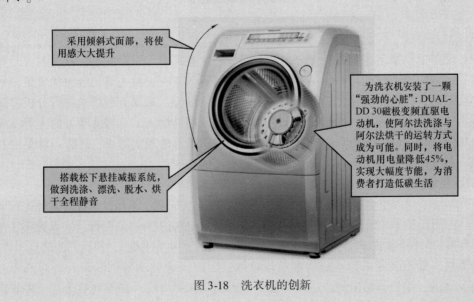

图3-18 洗衣机的创新

空调器——创新技术带来舒适体验

新技术在温度控制方面，凭借高效全直流变频技术，松下空调实现了对制冷量、制热量的精准调控，让室内温度更快达到设定温度，实现了对制冷量、制热量的精准调节，避免室温大幅波动，有效降低电动机损耗，令节能效果大幅提升。

在静音方面，松下空调搭载高精密度加工的涡旋压缩舱，有效减少了压缩机工作期间的机械磨损，最大限度地避免了因压缩空间的剧变或压缩力矩的大幅度变动而产生的振动和噪声，为消费者营造一个舒适惬意的家居生活空间。此外，松下空调尊铂系列还采用升级版Eco Sensor技术，可以通过侦测居室内人体活动量大小，实现智能判定送风，即使人体存在动态与静态的差异，仍可享受惬意。

电冰箱——创新技术引领新鲜生活

作为松下电器另一明星产品松下电冰箱也实现了技术的不断创新，引领新鲜生活，如图3-19所示。

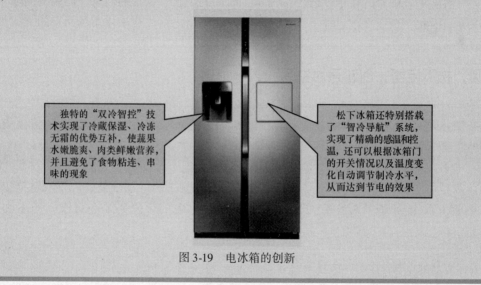

图3-19　电冰箱的创新

美国心理学家马斯洛把人的需求分为五大部分：生理需求、安全需求、社交需求、尊重需求和自我实现需求。因此，在运用希望点列举法进行创新时，首先要结合时代背景，针对对象的不同年龄、性别、文化、爱好、种族、区域和信仰等，对其五种需求进行分析。还有一种特殊群体所具有的需求，如残障人士或孤寡老人、精神病人、有特殊嗜好的人等，要针对他们在特定条件下的特殊需求进行重点分析。相对于眼前的现实需求，还有一种是潜在的未来需求，善于研究和发现潜在需求是希望点列举法的灵魂。

2. 缺点列举法

缺点列举法是通过挖掘、设想、列举现有事物的缺点、问题、不足，有针对性地进行改进和创新的一种创新技法。相比希望点列举法以人自身的心理期望为对象而言，缺点列举法主要是围绕现存事物的缺陷加以改进，对已经习以为常的东西"吹毛求疵"，找到它的缺点。

这种方法一般不改变事物本身的本质与总体，因而属于被动型创新。人们对汽车、冰箱、电视、电话、手机等做出的改进和完善，都得使用这种方法。缺点列举法是一种非常快捷有效的发现创新点的方法，主要用于以下两个方面。

1）对原有产品缺点、问题、不足进行改进，如不顺手、不方便、不省力、不美观、不耐用、不节能、不环保、不轻巧、不省料、不便宜、不安全和寿命短等。一个产品需要找准其不足之处并进行改进，才能得到人们的认可。而大众消费者就是最佳的找缺点的群体，因此，多倾听客户的声音，收集人们的批评和建议，有助于弥补缺点、发现创新点。例如，起初的计算机操作系统界面 Dos 操作系统（见图 3-20a）操作起来还需要学习专业的编程语言，人们一直认为它使用起来极不方便，也不利于计算机的普及。因此 Windows 操作系统（见图 3-20b）推

a) DOS 操作系统

b) Windows 98 操作系统

c) Windows Vista 操作系统

图 3-20　计算机操作系统的转变

出后界面美观，功能强大，人人都可以使用高科技，从而带来了个人计算机的普及。而后来的 Vista 操作系统（见图 3-20c）仅仅是功能更多、更好看，但使用起来并没有更方便，因此很多用户购买后又选择放弃原装的 Vista 操作系统，重新安装已经习惯的 Windows 操作系统。

2）对新设想、新产品进行完善，针对不成熟、不合理、不科学等缺点，例如挑一挑长柄弯把雨伞的缺点，如图 3-21 所示。

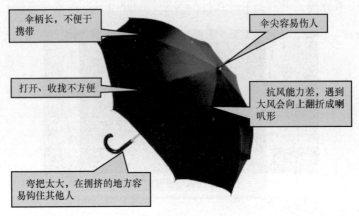

图 3-21　老式雨伞的缺点

针对长柄弯把雨伞的缺点，可改进的方案有：折叠伸缩伞（见图 3-22）；便于携带的铅

图 3-22　改进的雨伞

笔伞；弯把改为直手柄；开收方便的自动伞；伞尖改为圆形不易伤人；雨伞骨架材料改为更坚固、轻便、不易生锈的材料；部分外沿做成透明的，方便查看路况；自行车专用伞架；双人大伞……

3.1.4 组合法

所谓组合法是指按照一定的目的，将不同的事物所具有的原理、材料、功能、技术、方法等要素优化组合或重新安排在一起，从而获得具有新材料、新功能、新技术、新特性的新事物或新设计的一种创新技法。目前，大多数创新的成果都是通过采用这种方法取得的。组合创新的形式主要有以下几种：

【案例】组合文具

> 日本有一家文具公司专门设计并开发文具组合产品，将铅笔、小刀、透明胶带、剪刀、1m 长的卷尺、10cm 长的塑胶尺、订书机、胶水等放进一个设计精巧、轻便的小盒子里。后来又把文具组合改进提高，在盒子里安装了电子表、温度计，甚至可以变成一个变形金刚，五花八门，千变万化。
>
> 尽管其内部的文具就那么几种，由于它的盒子花样多了，迎合了小孩的心理和兴趣，所以销量越来越大，很快成为风行全球的商品。

1. 组合法的特征

（1）创新性和继承性 组合能够产生世界上原本没有的事物。从其构成细节来讲，大多数是将世界上已有的事物，以新的形式进行重新组合，并产生新的功效。因此，组合法同时兼具了创新性与继承性两个特征。

这种组合是任意的，各种各样的事物要素都可以进行组合，包括之前人们从未想到过的组合。例如，不同的物品、材料、颜色、形状、状态、性能、领域、声音或味道、功能或目的、组织或系统、机构或结构、技术或原理、方法或步骤、两种事物之间或多种事物之间都可以进行组合。例如：牙膏+中药=药物牙膏；电话+视频功能=可视电话；自行车+蓄电池+电动机=电动自行车；照相机+存储器+模-数转换器=数码相机；电话+手表+信件+MP3+照相机+手电筒+…=手机。

由此可见，创新性组合有三个要点：

1）由多个要素组合在一起。

2）所有要素都为单一的目的共同起作用，它们相互支持、促进及补充。

3）能产生新的效果，这个效果大于组合前各要素单独效果之和，亦即达到 $1+1>2$ 的飞跃。

（2）广泛性 学者布莱基曾说过，组织得好的石头能成为建筑；组织得好的社会规则能成为宪法和政策；组织得好的思想能成为好的逻辑；组织得好的词汇能成为漂亮的文章；组织得好的想象和激情能成为优美的诗篇；组织得好的事实能成为科学。世界上很多事物都是组合而来的，组合法广泛适用于各个领域。

1）范围广泛。历经几千年的人类社会发展史，为我们积累了不可胜数的发明和创造。

未来给我们提供了更为广阔的组合创新的发展空间,从简单的日用品组合到诸如宇宙开发等尖端技术,从普通的小发明、小创意到新学科、新理论的创建等,都可以根据不同的情况实现不同层次的创新。

2)易于普及。组合型创新就技术上的创新发明而言,由于它是为了一定的目的或功能的需要去选择若干成熟的技术加以组合,因而不像原理突破型创新那样要求具备专业深厚的理论基础,便于人们进行学习与应用。

3)形式多样。常见的形式有以下几种。

① 近亲结合。例如,用于同一场合或目的的不同事物的组合:橡皮+铅笔=带橡皮的铅笔;上衣+裙子=连衣裙;裤子+袜子=连裤袜。

② 远缘杂交。例如,将用于不同场合、目的、性质差别较大的物品相组合:毛毯+电热丝=电热毯;空气+水+煤炭=尼龙。

③ 技术组合。例如,不同的元件或事物的组合:激光技术与医学的结合,产生激光手术刀、激光美容器。

④ 艺术组合。例如,各种题材、文化元素的组合:鲁迅先生说他小说里的人物创作和人物的模特没有专用过一个人,往往嘴在浙江、脸在北京、衣服在山西,是一个拼凑起来的角色。

4)方法灵活。组合的方法可以是主体附加法、同类组合法、异类组合法、重组组合法、二元坐标法、焦点法和信息交合法等。

(3)时代性 日本知名菊池诚博士认为,发明最难的全新发现,另一条路则是把已知其原理的事实进行组合。在对1900年以来的480项重大成果进行分析后发现,从1950年以后,组合型成果的数量远远超过了突破型发明的数量,占发明总数的60%~70%,成为占主导地位的技术。

【案例】豪斯菲尔德发明CT

现在,CT在医院里已经得到了普遍应用,它的用途很广泛,检测效果也非常好,CT的发明将人类的医疗水平提高到了一个新的层次。英国的电器工程师豪斯菲尔德发明了CT。其实,与豪斯菲尔德同时期也有一个人在研制CT,他是开普敦大学的物理学讲师科马克。

豪斯菲尔德与科马克将X射线扫描技术与计算机技术相结合,发明了CT及其诊断技术。

CT的发明者科马克和豪斯菲尔德因为在诊断技术的发展上取得了重要成就,荣获了1979年的诺贝尔医学奖。CT的发明为人类带来了健康的福音,而CT的伟大发明者——科马克和豪斯菲尔德也被永久地载入了史册。

2. 主体附加法

主体附加法是指以某一特定的对象为主体,通过增加新的附件、转换或插入其他技术,使原有事物性能更好、功能更强的一种组合技法。例如,为了满足人们的需求,电风扇逐渐增加了摇头、升降、改变风量、风向、风速、风态、定时、遥控和能够吹出不同香味风的新功能，如图3-23所示。主体附加法具有以下四个特点。

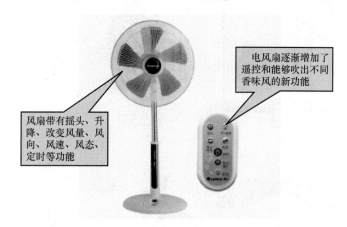

图3-23　风扇的主体附加功能法

1）创新过程中的组合以原有的事物或设想为主体进行附加，主体不变或变化微小。

2）附加部分起到补充、完善和利用主体的作用，不会导致主体有大的变动。

3）附加物包括两种类型，一种是已有的事物，另一种是根据主体的特点专门进行创新设计的附加装置。

4）附加物为主体服务。附加物的重要功能就是弥补主体的不足，使主体的功能更加完善。

由以上特点可以看出，主体附加法是一种创造性相对较弱的组合技法，是因为人们对现有事物做出的改动不大。主体附加法也是创新数量最多的组合技法，因为围绕一个主体可以进行各种附加。此种技法最适用于产品不断完善、改进时期。

3. 同类组合法

同类组合法是指将两种或两种以上相同或相近的事物组合在一起的组合技法，又称为同物组合法或同物自组法。其目的是在保持事物原有原理、价值、功能、意义的前提下，通过数量的增加，来弥补功能的不足，或取得新的功能、产生新的意义。而这种新功能或新意义是原有事物单独存在时所缺乏的。

例如，把两支钢笔或两块手表安装在一个精巧的礼盒中，便成了象征爱情的"对笔""对表"，可作为馈赠新婚朋友的礼物。生活中还有情侣帽、情侣伞、双人自行车、子母灯、子母电话机、双向拉锁、多插孔电源插座等，如图3-24所示。

同类组合法具有以下四个特点。

1）组合的对象是两个或两个以上的同一或同类事物。

2）参与组合的对象在组合前后，其基本原理、性质和结构没有发生根本性变化。

3）主要通过数量的增加来弥补功能上的不足，或得到新的功能。

4）组合结果往往具有对称性或一致性的趋向。

4. 异类组合法

异类组合法是指通过将两种或两种以上不同领域的技术思想或功能不同的产品组合在一起实现创新的组合技法。异类组合法具有以下三个特点。

图 3-24 同类组合法的事物

1）组合对象（技术思想或产品）来自不同的方面，一般不存在主次关系。
2）参与组合的对象从意义、原理、构造、成分、功能等任一方面或多方面互相渗透，整体变化显著。
3）异类组合是异类求同的创新，创新性很强。

根据参与组合对象的不同，异类组合主要有以下几种形式。

（1）原理组合　将两种或两种以上的技术原理有机地结合起来，组成一种新的复合技术或技术系统。如图 3-25 所示，弗兰克·怀特把喷气推进理论与燃气轮机组组合，发明了喷气式发动机；英国生物学家艾伦·克鲁克把衍射原理与电子显微镜组合在一起，发明了晶体电子显微镜。

图 3-25　原理组合的事物

（2）功能组合　将具有不同功能的产品组合到一起，使之形成一个技术性能更优或具有更多功能的技术实体。

许多产品都属于功能组合的创新成果，如收录机、电子表笔、闪光装饰品、音乐贺卡、电子秤、自动照相机、全自动洗衣机、数控机床、工业机器人、多功能万能刀卡（见图 3-26a）、瑞士军刀（见图 3-26b）等。

第 3 章　创新技法与创业筹措

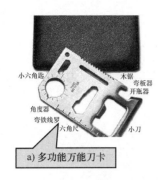
a) 多功能万能刀卡

b) 瑞士军刀

图 3-26　功能组合的事物

（3）方法组合　在生产工艺、加工处理以及组织管理、团队管理的实践中，把两种以上的技术、方法组合起来使用，产生新的效果。

例如，创新模式组合：企业项目管理、ERP、ISO9000、ISO14000 国际标准等管理方法并存，创造出有特色的方法和模式，海尔管理模式＝日本模式（团队意识＋吃苦精神）＋美国模式（个性舒展＋创新精神）＋中国传统的管理精髓（赛马不相马、先难后易……）。

（4）材料组合　材料对产品性能有着直接的影响，而有些产品还要求材料具有相互矛盾的特性。对此，利用材料的组合便可解决这一矛盾。

例如，划玻璃的刀具（见图 3-27）、机加工的车刀、轧钢的复合轧辊等将昂贵的材料用到最关键的部位以节省成本；将磁性粉末与橡胶或塑料混合制成的"磁铁"富于弹性，可弯可摔；还有一种新型牙刷（见图 3-27），其中心为硬尼龙毛，四周是软尼龙毛，使之兼有清洁牙齿、保护牙龈的优点。

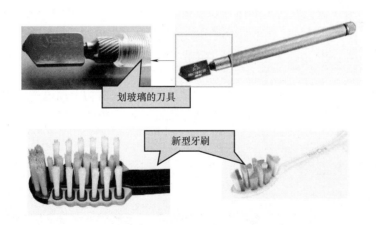

图 3-27　材料组合的事物

（5）现象与现象的组合　现象组合是指将不同的物理现象组合起来，形成新的技术原理，产生新的发明。

5. 重组组合法

所谓重组组合法是指有目的地在事物的不同层次上分解原来的组合，并按照新的方式、新的目的进行重新组合，以促进事物的功能和性能发生变化的一种组合技法，又称为分解组合法。重组组合法具有以下三个特点。

1）组合在同一事物上加以实施。

2）组合过程中，一般不增加新的事物。

3）重组主要是改变事物各组成部分之间的相互关系，从而引起事物属性的变化。

如图3-28所示，生活中有很多事物都蕴涵着重组组合法的原理，如沙发床、玩具"变形金刚"、魔方、商店的柜台安排、工厂的流水线布置等。

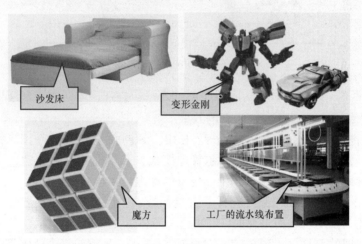

图3-28　重组组合法事物

3.1.5　移植法

移植法是指将某一事物或领域的原理、方法、结构、材料、用途转移到另一事物或领域中，从而实现变革的创新技法。其实质是借用已有的创新成果进行新目标下的再创新，使已有成果在新的条件下进一步延续、发挥和拓展。依据移植内容，可以把移植法分为以下几种类型。

1. 原理移植

就是将科学原理或技术原理向其他领域移植的方法。从事物中抽出核心的原理部分，在这部分的基础上补充辅助部分，创造出新的使用功能和使用价值，形成一个完整的新产品或事物。

【案例】　极地汽车与企鹅

一般的汽车在极地是无法使用的，于是科学家想制造一种专门在极地使用的汽车。然而极地汽车应该做成什么样子呢？在他们百思不得其解的时候，偶然看见了南极的企鹅，平时走路摇摇摆摆，不慌不忙，速度很慢，但是它们在面临生死存亡的紧急关头，会一反常态，用腹部贴在雪地上，双脚蹬动，在雪地上飞速前进。由此，科学家受到启发，设计出一款宽阔的、底部贴在雪地上、用轮子推动、速度可达每小时50多千米的雪地汽车。这个例子就是科学家把企鹅滑行的原理用在了汽车制造上，从而产生了创新。

2. 技术移植

就是把某一领域的技术移植到其他领域，用以实现该领域内的技术创新，发明新技术和新产品。它是通过技术改造、调整产业结构进行创新的一种有效方法。

【案例】电报的发明

在古代，人们为了传递敌人入侵的警报，每隔一定的距离设置一个烽火台，按照事先的约定，烽火台点火是一种状态，意思是有敌人入侵；无火则是另一种状态，意思是平安无事。用现代语言来说，这就是利用光信号来传送"1"和"0"两种符号。其中"1"表示"点火"，"0"表示"无火"。实际上，这就是最原始、最简单的数字通信。

1838年，莫尔斯运用移植法，就是采用技术功能移植"烽火传信号"到"电报传信号"，从而发明与设计了电报并取得了美国电报专利权。它可以说是世界上最早的数字通信装置了。

3. 方法移植

【案例】造纸术的方法移植

东汉时期的蔡伦是看到丝加工时丝绵在漂絮时会在篾席片上残留一层薄薄的絮片，便从中所受到启示，将树皮、破布、旧渔网等作为原材料，采用相同的工艺，制造出柔软的纸。蔡伦发明的造纸术，实质上就是运用移植技法，他不改变加工技术，只改变加工对象，丝加工技术摇身一变成了造纸技术。造纸术的发明，是中华民族对世界文明的最杰出的贡献之一。

方法移植就是把某一领域的研究方法、制造方法、使用方法移植到另一领域而形成的新方法。如图3-29所示，面团发酵膨胀变成松软可口的面包。将这种可使物体体积增大，重量减轻的发酵方法移植到塑料生产中，便产生了价廉物美的泡沫塑料。

发酵的面包　　泡沫塑料

图3-29　方法移植

英国剑桥大学教授贝弗里奇说："移植是科学发展的一种主要方法，大多数的发现都可应用所在领域以外的领域，而应用于新领域时，往往有助于促成进一步的发现，重大的科学成果有时来源于移植。"笛卡尔借助曲线上"点的运动"的想象,把代数方法移植到几何领域,创立了解析几何;另外,微处理器几乎可以移植到所有的机电产品和家用电器中。

【案例】"尿不湿"与沙漠绿洲

"尿不湿"是一种高吸水性的婴儿尿布,它突出的特点是蓄水量是其自身重量的500~1000倍,所以婴儿尿几乎会被它全部吸收,如图3-30a所示。

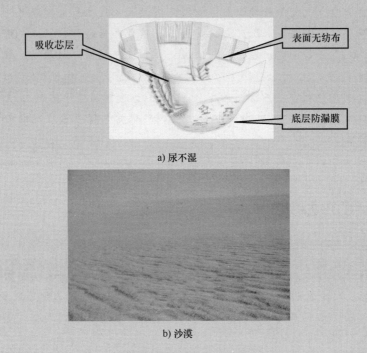

图3-30 尿不湿与沙漠

气候干燥和少雨是土地沙漠化的主要原因,凡是年降雨量在150mm以下的地区,土地很容易沙化,如图3-30b所示。能不能使降下来的雨水不蒸发呢?科学家们想到了"尿不湿"这种材料,利用其高吸水性能来大量吸收水分,又可使其中的水分不易蒸发,让土壤保持一定的湿润性。

实验证明,在$1m^2$的农田里,只要掺进100g"尿不湿"颗粒,至少可使土地少蒸发一半的水分。这种简单的方法为拯救沙漠中的绿洲和治理沙漠提供了一种独特的妙方。

自古以来,人类在认识、利用和改造生物的同时,不间断地进行着模仿生物的活动。生物在大自然中生活了亿万年,它们在为生存而斗争的长期进化过程中,逐渐完善了机体各部分的结构和功能。人类遇到的许多难题,生物界则早以人们还不十分清楚的方式妥善地解决了。向生物索取启迪,是发明创造的重要源泉:受转篷的启示发明车轮;受飞鸟的启示发明飞机;受蒲公英种子的启示发明降落伞;受猫爪的启示发明钉鞋;受蜘蛛张网的启示发明吊桥……。

4. 结构移植

就是把某种事物的结构和特征向另一种事物移植,以开发出新产品,发挥新作用。例如,如图 3-31 所示的蜂窝是一种废料但强度高的结构,把它移植到飞机制造上,就可以减轻飞机的重量而提高其强度;把它移植到房屋建筑上,可制造蜂窝砖,既能减轻墙体重量,又隔音保暖。

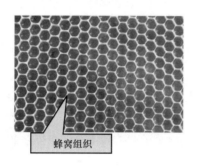 

图 3-31　结构组织移植法

【案例】 鱼鳔与潜水艇

> 结构组织移植应用最广泛、最为人所知的便是鱼鳔与潜水艇。
>
> 鱼儿在水中游,通过鱼鳔控制自身上浮或下潜。当鱼想下沉时,就把鱼鳔里的气排出,把水灌进,水使鱼变重,鱼就下沉。当把水排出变成气体时,鱼就上浮。
>
> 科学家模仿鱼能潜水的特点,发明了潜水艇。在潜水艇上装个大水箱。当想要潜水艇下潜时,往水箱里灌水,就可以下潜。当想要上浮时,就把水箱内的水排出,潜水艇就可以上浮。

移植法是一种有效的创新技法,它可以使成熟的技术向其他领域推广,使新思路、新技术脱颖而出,而且移植的跨度越大,创新性也就越强。

3.2　创业资金筹措

3.2.1　资金筹措方法

如何合理地运用、调配已有的资金,这是对一个经营者的才干和智慧的考验。然而,"巧妇难为无米之炊",作为一名经营者,无论创业者有多么强的经营能力,如果没有资金可供运用与支配,所有一切都是空中楼阁。所以,要想成为一名成功的经营者,应该学会走好第一步——筹措资金。只有踏踏实实地走好了这一步,才能为将来的事业打下良好的基础。

在目前的形势下,刚毕业的学生基本上没有创业资金,同那些已在商海中摸爬滚打多年的竞争对手一比,则相形见绌,那么,究竟如何筹资呢?

首先,我们来看看公司在创立之初应如何筹集资金。西方国家的公司法相对较先进和完善，我们不妨借鉴一下他们的做法。

由创办人认购股份是公司的最初筹资办法。要想成立公司，必须要有创办人或发起人，公司最初的资金来源就是从这些创办人那里获得的。这些创办人从个人财产中拿出一部分用来认购公司的股份，于是他就成了该公司的股东，公司也就有了自己最初的一部分股本。

这里有两个问题应该注意：一是申请设立公司，必须满足最低股本额，又称为最低资本额，不论是股份有限公司还是有限责任公司，都要符合这一要求。

【案例】各国对有限公司注册资本的限制

奥地利设立股份有限公司的最低股本是100万奥地利先令，而设立有限责任公司的最低股本是10万奥地利先令。

法国对设立股份有限公司和有限责任公司的规定分别为10万法国法郎和2万法国法郎。

我国《公司法》规定，股份有限公司注册资本的最低限额为100万元人民币，有限责任公司视其主营业务的不同，注册资本的最低限额为50万元、30万元或10万元人民币。

第二个应注意的问题是公司的最低股本必须由公司创办人或初始股东全部认购，即股东同意承担法律责任以现金或实物买下公司的股份。认购股份本身并不等于一次缴足股金，股东可以分期交付股金。首次交付的股金比例各国公司法都有严格的规定：德、法、奥地利等国为25%，意大利为30%，丹麦为50%等。创办公司的合伙人认股，这就是创业的筹资方法。

筹集资金的过程是一个艰难而复杂的过程，在这个过程中，不但需要了解相关的法律法规，还要能够灵活地运用它们。此外，机动灵活的合作或合营方式也是吸引投资的重要手段之一。

3.2.2　融资方式的选择原则

1. 应量力而行

私营公司筹集资金都有其代价，这是市场经济等价交换原则的客观要求。正由于此，私营公司在筹集资金过程中，筹措多少才算适宜，是私营公司管理者必须慎重考虑的问题。筹集的资金过多会造成浪费，增加成本，还可能因负债过多到期无法偿还，增加私营公司经营风险；筹集的资金不足又会影响计划中的正常业务发展。因此，私营公司在筹集资金的过程中，必须考虑需要与可能，量力而行。

2. 筹资成本应低

筹资成本指私营公司为筹措资金而支出的一切费用，主要包括：

1）筹资过程中的组织管理费用。
2）筹资后的利息支出。
3）筹资时支付的其他费用。

私营公司筹资成本是私营公司筹资效益的决定性因素。因此，私营公司筹资时，要充分考虑降低筹资成本的问题。

3. 根据用途决定筹资方式和数量

由于私营公司将要筹措的资金有不同用途,因此,在筹措资金时,应根据预定用途正确选择是运用长期筹资方式还是运用短期筹资方式。如果筹集到的资金是用于流动资产的,根据流动资产周转快、易变现、经营中所需补充的数额较小、占用时间较短等特点,可选择各种短期筹资方式,如商业信用、短期贷款等;如果筹集到的资金是用于长期投资或购买固定资产,由于这些运用方式要求数额大、占用时间长,应选择各种长期筹资方式,如发行债券、股票、私营公司内部积累、长期贷款、信托筹资和租赁筹资等。

4. 保持对私营公司的控制权

私营公司为筹资而部分让出私营公司原有资产的所有权、控制权,常常会影响私营公司生产经营活动的独立性,引起私营公司利润外流,对私营公司近期和长期效益都有较大影响。如就发行债券和股票两种方式来说,增发股票将会对原有股东对私营公司的控制权产生冲击,除非他再按相应比例购进新发股票;而债券融资只增加私营公司的债务,不影响原所有者对私营公司的控制权。因此,筹资成本低并非筹资方式的唯一选择标准。

5. 要有利于私营公司竞争能力提高

这主要通过以下几个方面表现出来:第一,通过筹资壮大了私营公司的资本实力,增强了私营公司的支付能力和发展后劲,从而减少了私营公司的竞争对手;第二,通过筹资提高了私营公司信誉,扩大了私营公司的产品销路;第三,通过筹资充分利用规模经济的优势,增加了私营公司产品的市场占有率。私营公司竞争力提高同私营公司筹集来的部分资金的使用效益有密切联系,是私营公司筹资时不能不考虑的因素。

6. 筹资风险低

私营公司筹资必须权衡各种筹资渠道筹资风险的大小。例如,私营公司采用可变利率计息筹资,当市场利率上升时,私营公司需支付的利息额也会相应增加;利用外资方式,汇率的波动可能使私营公司偿付更多的资金;有些出资人发生违约,不按合同注资或提前抽回资金,将会给私营公司造成重大损失。因此,私营公司筹资必须选择风险小的方式,以避免风险损失。如目前利率较高,而预测不久的将来利率要下跌,此时筹资应要求按浮动利率计息;如果预测结果相反,则应要求按固定利率计息。再如利用外资,应避免用硬通货币偿还本息,而争取以软货币偿付,避免由于汇率的上升,软货币贬值而带来的损失。同时,在筹资过程中,还应选择那些信誉良好、实力较强的出资人,以减少违约现象的发生。

如果把企业比做人体,那么资金就是血液,而创业者便是造血者。一旦出现供血不足的情况,人体便会面临生命危险,对企业而言,那就很可能是破产倒闭、关门大吉了。作为公司的老板,担负着为公司供血的重任,为公司及时筹集足够的资金是应解决的首要问题。

【案例】保存仙人掌

李明生本来是单位的专职司机,多年来,他的主要爱好就是栽培仙人掌,在住宅庭院一角,构筑了一间仙人掌屋,安装了冷暖设备,没想到苦心栽培的仙人掌,却一株一株相继枯萎。

> 李明生说:"仙人掌是沙漠植物,因此人们总以为它是坚强、健壮的植物,事实恰好相反,仙人掌一遇水,就会从潮湿的部分开始凋零死亡。"他到处查阅资料,却没发现什么好办法,最后他下决心阅读化学课本,经过努力苦读,终于发现了永存仙人掌的办法,并通过一年时间实验成功。他因此还获得了发明奖。
>
> 此后,他开始忙碌起来,为了让企业应用他的发明,他拜访了很多公司请求帮助,均遭到拒绝,他说:"这种情况对他人而言,是冒险而没把握的事,也难怪他们不帮助我。然而,我坚持要实现自己的理想,就大量拜访成功人士,终于在与第五十位人士交谈中,遇到了一家公司的董事长,他提供资金让我开发生产,目前这项商品在市场上销售良好。"

大多数人在看清事实之后很少去估量将来会发生什么,自己可以做些什么,他们很容易为眼前的一点障碍所遮蔽。也许在更多的时候我们更需要一种远见,只有这样,才不会为眼前的困难所困,努力寻求解决问题的办法,这是创业者需要学习的一种思维方法。

3.2.3 无资本创业

【案例】自由人车

> 东京一座寺庙内有一家流动商店,老板森基行是个20多岁的青年,平时穿着朴素,蓄着胡子,但是神采奕奕,令人印象深刻。
>
> 森基行出生于日本九州,高中毕业以后就到大阪参加业余剧团的演出,曾经想当职业演员,但是几年的演员生活使他觉得空虚、不安,于是就来到东京,住在单身公寓里,计划自己的未来,突然想到"零的哲学",也就是打算白手起家,开创自己的事业。他立志要开一家没有成本的商店,于是到多摩区的山地捡拾木柴,收集茅草,又向人要了一部旧的手推车,以茅草编成草席做顶,搭建了一个别致新颖的流动商店。
>
> 考虑良久,森基行写出一张海报:"请各位把您亲手制作的各种工艺品,交由本店代为销售,好吗?"许多人看到广告后,纷纷将自己做的缎带花、雕刻品、纺织品等,委托他出售,这些各具风格的工艺品在"店"内陈列,每天推到各地去叫卖,生意不错,很快就销售一空了,他也从中获得一部分的利润。他就以这样的方式开始了他的事业。
>
> 森基行把这部手推车命名为"自由人车",并且准备和几个同行组成一个"自由人舍",专门贩卖工艺品。他满怀斗志的构想和行动值得效法,白手起家的创业精神,更令人佩服!

一般人的思维总是很容易局限于表面现象之中,正如创业就要投资一样,这便是一个最鲜明的例子。

在常人看来这是常识,是真理,是必然,而森基行的创业却为人们提供了另一种思考问题的方法,在没有投入资金的情形下也能创业,也能从无到有,从小到大,自力更生。这一点,尤其应该让缺乏资金的创业者们深思。

【扩展阅读】 最低的风险就是最大的成功

20世纪中期,一位20多岁的匈牙利青年,为了生计只带了五美元就到了美国。但在20多年后,他变成了千万富翁,成为当时美国创业者的神话。他就是在美国工艺品和玩具业的传奇人物罗·道密尔。

说起自己的创业经历,罗·道密尔自豪地说道:"我没有做过一笔赔钱的交易,也没有一次失败的经营,这就是我成功的秘诀。"那么,罗·道密尔成功的秘诀到底是什么呢?我们可以从罗·道密尔收购一个玩具厂的例子中找到答案。

20世纪50年代,罗·道密尔刚到美国没有几年,手中的积蓄也不多,可是这时候一家濒临倒闭的玩具厂低价对外出售,罗·道密尔抓住这个机会买下了这家濒临倒闭的玩具厂。

好多人都不看好罗·道密尔这一行为,认为他是不自量力,可是罗·道密尔却不这样认为,他经过仔细研究后发现,这家玩具厂失败的主要原因就是成本太高,而这些成本过高并不是制造玩具的材料成本高,而是工人的效率低下。罗·道密尔经过研究后,做出了一项决定:凡是制作玩具所用的工具、材料,一定要放在顺手的地方,这样工作时一伸手就可以拿到,不必再为等材料、找工具耽误时间,无形中节省了许多时间。

这样下来,整个玩具厂的工作效率提高了许多,罗·道密尔的另一个规定是:在工作时,不允许工人们吸烟,但是每隔2h,准许工人们休息15min,而工人们对这一个规定也很欢迎。这是罗·道密尔发现很多工人在工作时嘴里叼着烟,这样不仅工作进度慢,而且这些人可以借吸烟来偷懒,更麻烦的是很多带火星的烟灰掉在了玩具上,这样就产生了很多废品。

罗·道密尔的这两项规定执行以后,在机器没有增加、工人没有增加的情况下,整个玩具厂的产量增加了近50%,整个玩具厂扭亏为盈,而罗·道密尔也为他的发展积累了第一桶金。

这就是罗·道密尔成功的秘诀——收购一些失败的企业来经营。有人采访罗·道密尔为什么要收购这些失败的企业?罗·道密尔说道:"别人经营失败的生意,很容易找到失败的原因,这样的风险是最小的,只要能把缺陷加以改正,自然就赚钱了。这要比自己从头做起或者收购一家成功的企业风险低得多。每个人都知道的风险,恰恰就是最低的风险,最低的风险就是最大的成功。"

第 4 章
创业计划与团队建立

我国古代有句话叫：凡事预则立，不预则废。这句话用在创业上是非常合适的。无论是什么行业、什么样的创业团队，在创业之初都必须科学、理性地进行规划，这种规划包括人员上的准备、资金上的准备和创业地点的选择。本章详细介绍创业计划和创业团队的建立。

学习要点：

［1］了解创业计划书的格式。
［2］撰写详细的创业计划，并制作创业计划书。
［3］了解高效的创业团队的组建及管理办法。
［4］全面了解小企业组建的全部过程。

4.1 创业计划

4.1.1 创业计划的作用及基本结构

【案例】两份同样的创业计划

> 李兆霞家住闽江上游的武夷山区，由于山区贫困，很多年轻人都进城打工去了。因为母亲病重，她不能出远门。她很想多挣点钱接济家用，给母亲治病，也给自己买些衣物用品。她原打算在村里办一家小旅店。翻来覆去地想过以后，她觉得自己的想法不现实：村里人太保守，他们不会欢迎陌生人到村里住，而且村子离公路干线太远，即便能说服大家，也很难吸引到游客。再说，如果天气总是阴雨连绵，就是说服了游客在村里住下，他们待着也很无聊。
>
> 就在李兆霞家的邻村，张慧霞也打算在村里办一家小旅店。她明白，她首先要向村里人宣传自己的想法，得到乡亲们的理解和支持才行。于是她东奔西走，对各家各户进行游说，使大家相信旅店也能赚钱，而且不会打扰村里人的生活。她为区旅游局写了份宣传小册子，又搭车进县城，与一些旅行社和客运公司的人谈了自己的想法。

让她兴奋的是，各方面都赞同她的想法，认为很多旅游者其实喜欢住在村里。许多旅行社已经在探讨为游客提供在武夷山的山村里歇脚的途径。张慧霞很受鼓舞，立即准备她的创业计划。

同样是创业，同样是办旅馆，上文中的两人有着截然不同的处理方式，两人论证的创业计划谁最具可行性，答案显而易见。

"车到山前必有路"是我国一句古老的格言，也正是因为这句话，多少踌躇满志的创业者在憧憬和冲动的驱使下便踏上了创业之路。其实创业是需要预先计划的，否则，车到山前未必有路，有的也可能是车毁人亡之路。

将关于创业的思路形成文字材料，就是创业计划书。创业计划书不仅是团队内部思想的沉淀，也是与投资人沟通的主要载体。创业计划书有相对固定的格式，它几乎包括投资者感兴趣的所有内容。从企业成长、产品服务、市场营销、管理团队、股权结构、组织人事、财务运营到融资方案，只有内容翔实、数据丰富、体系完整、装订精致的创业计划书才能吸引投资者；让对方看懂创业者打算做的事情，才能使融资需求成为现实。创业计划书的质量对创业者的项目融资至关重要。

1. 创业计划书的作用

一份高质量的创业计划书包含基于产品的分析，把握行业市场现状和发展趋势，综合研究国家法律法规、宏观政策、产业中长期规划、产业政策及地方政策、项目团队优势等基本内容，着力呈现项目主体现状、发展定位、发展愿景和使命、发展战略、商业运作模式等，深度透析项目的竞争优势、盈利能力、生存能力、发展潜力等，最大限度地体现项目的价值。一般而言，创业计划书具有如下作用：

首先，创业计划书可以作为项目运作主体的沟通工具。创业计划书必须着力于体现企业（项目）的价值，有效吸引投资、信贷、员工、战略合作伙伴，以及其他利益相关者。

其次，创业计划书可以作为项目运作主体的管理工具，被视为项目运作主体的计划工具，引导公司走过发展的不同阶段，规划具有战略性、全局性、长期性。

最后，创业计划书可以作为项目运作的行动指导工具。创业计划书内容涉及企业（项目）运作的方方面面，能够全程指导项目的实施。

创业计划书的起草与创业本身一样是一项复杂的系统工程，不但要对行业、市场进行充分的研究，还要有很好的文字功底。对于一个初创企业，专业的创业计划书是寻找投资的必备材料，它的形成也是企业对自身的现状及未来发展战略全面思索和重新定位的过程。

【案例】某照明公司创业计划书

传统路灯监控系统存在控制落后、操控不便、能源浪费等种种弊端，××照明有限责任公司致力于推广"节能、环保、便捷"的路灯监控新理念，在为客户创造路灯节能效益的同时，实现自身发展。

公司研究开发并向市场推广的"ZigBee路灯智能监控系统"分为路灯监控终端、各监控子站、城市路灯管理中心三部分。安装在路灯上的监控终端将采集路灯电压与

> 电流信息,并通过 ZigBee 无线网络发送给城市管理中心,中心将按照预设的时间表自行开、关路灯,并根据实际光照自动调节路灯亮度,电网出现过高电压时自动采取措施保护路灯,当输电线损坏时,发出报警信号并进行修复。该系统可用于大范围无线监控与按需照明,真正实现了在低成本下智能省电,为客户节约用电费用,为社会节约资源。在政策导向和社会需求的共同推动下,该系统具有广阔的发展前景。该系统目前已成功申请实用新型专利。
>
> 社会对节能的需求、对科技的尊重是公司不断前进和发展的动力。公司初期立足于华南市场,在不断提升技术优势、改善服务质量的基础上,最终实现用高科技产品在全国范围推广路灯监控新理念的战略目标。
>
> 资本结构和股权结构方面,公司股权分为三部分,团队自行出资 150 万,占 44.12% 的份额,具有相对控制权;珠海××公司以技术作价 90 万入股,占 26.47% 的份额;上海××公司投资 100 万,占 29.41% 的份额。此外,公司计划在未来成长期争取上海××公司追加资本或者吸引其他风险投资 100 万。

创业者对计划书的态度大概可以分为以下几类:

1) 十分必要。这类创业者往往对计划十分认同,缺点是在遭遇变化的时候,比较偏执地坚守计划,缺乏变通;更有甚者,痴迷于计划书本身的写作,却缺少对计划的执行。

2) 十分无聊。这类创业者往往对自身的执行力比较自信,对计划嗤之以鼻,认为书呆子才会按部就班地工作。

3) 十分烦琐。雕琢一份计划书需耗费一定时日,这类创业者了解计划对整个团队合作的重要性,但却不愿意投入时间和精力让别人明白。

制订一份完整的创业计划书需要投入相当多的精力,最终计划书应做成一份结构清晰完整、可作为公司章程的业务文件。通常,一份创业计划书是一份完整、独立的文件,用以介绍可行的市场需求、公司如何满足这些需求,并强调实施工作所需的资源。创业计划书要提交给公司筹办合伙人、潜在投资者、融资公司、潜在雇员、合作伙伴、顾问、客户及供应商。

2. 创业计划书的基本结构

创业计划书的好坏往往决定着投资的成败。对初创的风险企业来说,创业计划书的作用尤为重要,一个酝酿中的项目往往很模糊,通过制订创业计划书,把正反理由都书写下来,随后再逐条推敲,风险企业家就能对这一项目有更清晰的认识。创业计划书的主要目的之一就是筹集资金,帮助把计划中的风险企业推销给风险投资家。因此,创业计划书必须要说明:

(1) 创办企业的目的 为何要冒风险,花精力、时间、资源、资金去创办风险企业?

(2) 创办企业所需的资金 为什么要这么多资金?为什么投资人值得为此注入资金?

> **目标:**
> 指明计划的投资价值所在。解释是什么(What)、为什么(Why)和怎么样(How)。

> 内容:
> 1) 产品或服务的独特性。
> 2) 详尽的市场分析和竞争分析。
> 3) 现实的财务预测。
> 4) 明确的投资回收方式。
> 5) 精干的管理队伍。

仔细研究以上内容,上述计划书在结构上存在典型的逻辑论证关系。首先介绍"我们要做一个什么样的产品或服务",那么投资人会质疑"为什么要这么做呢?",因此便有了"市场分析和竞争分析"项目。若认同产品的市场潜力,接下来投资人的问题会是:"我投入的资金如何获得回报呢?"这是财务预测需要论证的。证明了整个市场潜力,也证明了可盈利。然后投资人若问:"为什么让你做,而不是别人做?"此问题对应团队建设环节,即"精干的管理队伍。"

下面是一个典型的创业计划书结构。

计划摘要

计划摘要一般要包括以下内容:
1) 公司介绍。
2) 主要产品和业务范围。
3) 市场概貌。
4) 营销策略。
5) 销售计划。
6) 生产管理计划。
7) 管理者及其组织。
8) 财务计划。
9) 资金需求状况等。

计划摘要列在经营计划书的最前面,它是浓缩了经营计划的精华。计划摘要涵盖了计划的要点,以便读者一目了然,并能在最短的时间内评审计划并做出判断。

在介绍企业时,首先要说明创办新企业的思路,新思想的形成过程以及企业的目标和发展战略。其次,要交代企业现状、过去的背景和企业的经营范围。在这一部分中,要对企业以往的情况进行客观的评述,不回避失误。中肯的分析往往更能赢得信任,从而使人容易认同企业的经营计划。最后,还要介绍一下风险企业家自己的背景、经历、经验和特长等。企业家的素质对企业的成绩往往起关键性的作用。在这里,企业家应尽量突出自己的优点并表示自己强烈的进取精神,以给投资者留下一个好印象。

产品或服务

通常,产品(或服务)介绍应包括以下内容:
1) 产品(或服务)介绍。
2) 产品(或服务)的市场竞争力。
3) 产品的研究和开发过程。
4) 新产品(或服务)的计划和成本分析。

5）产品（或服务）的市场前景预测。
6）产品（或服务）的品牌和专利。

在进行投资项目评估时，投资人最关心的问题之一就是：风险企业的产品、技术或者服务能否以及在多大程度上解决现实生活中遇到的问题，或者风险企业的产品或服务能否帮助顾客节约开支，增加收入。因此，产品或服务介绍是创业计划书中必不可少的一项内容。在产品或服务的介绍部分，企业家要对产品或服务做出详细的说明，说明既要准确，又要通俗易懂，使不是专业人员的投资者也能明白。通常，产品介绍都要附上产品原型、照片及其他介绍。

市场

市场这一部分的计划应包括以下内容：
1）市场状况、变化趋势及潜力。
2）竞争厂商概览。
3）本企业产品或服务的市场地位。
4）市场细分和特征。
5）目标顾客和目标市场等。

当企业要开发一种新产品或服务或向新的市场扩展时，首先就要进行市场预测。如果预测的结果不乐观，或者预测的可信度让人怀疑，那么投资者就要承担更大的风险，这对多数风险投资家来说都是不可接受的。

市场预测首先要对需求进行预测：市场是否存在对这种产品的需求？需求程度是否可以给企业带来所期望的利益？新的市场规模有多大？需求发展的未来趋向及其状态如何？影响需求都有哪些因素？其次，市场预测还要包括对市场竞争的情况——企业所面对的竞争格局进行分析：市场中主要的竞争者有哪些？是否存在有利于本企业产品的市场空当？本企业预计的市场占有率是多少？本企业进入市场会引起竞争者怎样的反应，这些反应对企业会有什么影响……

竞争

这一部分应包括以下内容：
1）现有和潜在的竞争者和替代产品分析。
2）找到合作伙伴。
3）扫清产品或服务进入市场的障碍。
4）划出竞争空间。
5）当前的角逐者或解决方案。
6）竞争优势和战胜对手的方法。

在创业计划书中，风险企业家应细致分析竞争对手的情况。竞争对手都有谁？他们的产品或服务如何？竞争对手的产品与本企业的产品相比，有哪些相同点和不同点？竞争对手所采用的营销策略有哪些？要明确每个竞争者的销售额、毛利润、收入以及市场份额，然后再讨论本企业相对于每个竞争者所具有的竞争优势，要向投资者展示顾客偏爱本企业的原因。创业计划书要使它的读者相信，本企业不仅是行业中的有力竞争者，而且将来还会是确定行业标准的领先者。在创业计划书中，企业家还应阐明竞争者给本企业带来的风险以及本企业所采取的对策。

营销

营销策略应包括以下内容：

1) 市场机构和营销渠道的选择。
2) 营销队伍和管理。
3) 促销计划和广告策略。
4) 价格决策。

营销是企业经营中最富挑战性的环节，影响营销策略的主要因素有：消费者的特点；产品的特性；企业自身的状况；市场环境方面的因素；营销成本和营销效益。

对创业企业来说，由于产品和企业的知名度低，很难进入其他企业已经稳定的销售市场中去。因此，企业不得不暂时采取高成本低效益的营销战略，如上门推销，大打商品广告，向批发商和零售商让利，或交给任何愿意经销的企业销售。对发展企业来说，它一方面可以利用原来的销售渠道，另一方面也可以开发新的销售渠道以适应企业的发展。

运作

生产运作计划应包括以下内容：

1) 产品制造和技术设备现状。
2) 原材料、工艺、人力等安排。
3) 新产品投产计划。
4) 技术提升和设备更新的要求。
5) 质量控制和质量改进计划。

在寻求资金的过程中，为了增大企业在投资前的评估价值，风险企业家应尽量使生产制造计划更加详细、可靠。一般来说，生产制造计划应回答以下问题：企业生产制造所需的厂房、设备情况如何；怎样保证新产品在进入规模生产时的稳定性和可靠性；设备的引进和安装情况，谁是供应商；生产线的设计与产品组装是怎样的；供货者前置期的资源的需求量；生产周期标准的制订以及生产作业计划的编制；物料需求计划及其保证措施；质量控制的方法是怎样的；相关的其他问题。

人员及组织结构

这部分的计划应包括以下内容：

对主要管理人员加以阐明，介绍他们所具有的能力，他们在企业中的职务和责任，他们过去的详细经历及背景。

应对公司结构加以简要介绍，包括以下方面：公司的组织机构；各部门的功能与责任；各部门的负责人及主要成员；公司的报酬体系；公司的股东名单，包括认股权、比例和特权；公司的董事会成员；各位董事的背景资料。

企业管理的好坏直接决定了企业经营风险的大小，而高素质的管理人员和良好的组织结构则是管理好企业的重要保证。因此，风险投资家会特别注重对管理队伍的评估。企业的管理人员应该是互补型的，要有团队精神。一个企业必须要有负责产品设计与开发、市场营销、生产作业管理、企业理财等方面的专门人才。

财务预测

财务预测一般要包括以下内容：

1) 经营计划的条件假设。

2）预计的资产负债表。

3）预计的损益表。

4）现金收支分析。

5）资金的来源和使用。

可以这样说，创业计划书概括地提出了在筹资过程中风险企业家需要做的事情，而财务规划是对经营计划的支持和说明。因此，一份好的财务规划对评估风险企业所需的资金数量、提高风险企业取得资金的可能性是十分关键的。如果财务规划准备得不好，会给投资者留下企业管理人员缺乏经验的印象，降低企业的评估价值，同时也会增加企业的经营风险。那么如何制订一份良好的财务规划呢？这首先要取决于风险企业的远景规划为一个新市场创造一个新产品，还是进入一个财务信息较多的已有市场。

创业计划书应该是对整个团队的思想的提炼，值得注意的是，对于没有写作经验的团队来说，直接套用现成的创业计划书模板是一种比较快捷的方式。但是，通常这类计划的结果都是有形式无实质，所有句子都是泛泛而谈。为了确保创业计划书具备说服力，应该围绕以下几个重点来撰写企业计划书。

1）关注产品（或服务）。

2）敢于竞争。

3）了解市场。

4）表明行动的方针。

5）展示管理队伍。

6）出色的计划摘要。

4.1.2 创业长期计划

长期计划可以使将来做出的决定更好地符合企业的目标。长期计划涉及的是企业的整体，要考虑企业未来的发展方向，确定企业的经营目标。这些大的目标还要具体地分成许多能够实现的可测量的目标。

【案例】企业成长需要双赢，甚至多赢

1997年，科利华开发了一款应用于餐饮业的管理软件。多方调查得知，北京有近40000家餐饮企业，每天营业额超过20000元的有5000多家。科利华软件公司总经理宋朝弟敏锐地察觉到这是一个很大的市场，但根据过去的经验，软件业进军餐饮业，都没有获得成功。那是为什么呢？餐饮业不会花几万元去买计算机，这是一笔很大的开销，对于没有软件照常运营的餐饮企业来讲，计算机并不是必需品。

但宋朝弟不这样认为，他在设计并开发了GSC餐饮管理软件后，拿到餐饮企业试一试，果然很实用，但设备与软件核算下来费用很高，谁会买？于是，他发动公司人员想对策，经过一段时间的集思广益，他们认为，老板们不愿意花钱买计算机，那就用餐券换计算机。

此法一经使用，餐饮业老板们颇为高兴，虽然利润空间被压缩了，但还可以接受，而且还得到了一套可以提高效率的软件。

对于科利华，如此一来，500多套的计算机和软件"卖"出去了，换回了3000多万餐券，第一个长期计划圆满完成。

但问题也随之而来，宋朝弟不可能把餐券发给公司员工，他必须把餐券换成实打实的财物才行，于是再次发动大家出主意，这第二步卖餐券就比卖计算机软件容易多了，他们把餐券按券面价格的80%转让，大量公司对此有极大需求。如此3000万餐券迅速脱手。于是销售计划全部完成。

后来经过核算，餐饮企业赚40%，科利华赚了40%，购买餐券的公司赚了20%，而科利华则是最大的赢家。因此，企业在制订计划时，不光要有眼前的计划，还要有第二步、第三步的计划，以保证企业的健康发展。

要想做好长期规划，企业者应对以下几个方面的内容进行认真思考。

你的创业目标是什么？

你是否在合适的领域内从事经营活动？

从长远来看，你的市场会发生怎样的变化？

你的产品及服务前景如何？会不会过时？

在制订长期计划时，通常要遵循以下基本要求。

1. 确定创办企业目的

在创建一家企业时，通常会思考：创办企业的目的是什么？希望通过创办该企业而获取什么？如何经营这家企业？将遵循怎样的实践准则？对质量意识、环境保护意识和道德水准等问题是如何认识的？

通过对以上问题的思考，明确企业生存、发展的方向，制订切实可行的目标，并通过对目标讨论或研究分析，使之更加成熟，发展成一个明确的、理性的、概括的企业目标和行动文件。这个文件一般称为使命文件。

许多企业还需要进一步制订出实践准则、经营要求，通常以《员工守则》等形式加以表现。它涉及诸如企业将如何对环境问题做出反应、如何对待员工、如何服务顾客、对员工和客户健康和安全的看法等问题。拥有一个实践准则，就是要创造一个和谐有序的氛围，使员工拥有统一的行动准绳。

2. 制订长期目标

确定企业的目标前，应选择一个合适的时间段，比如一年计划、二年计划或五年计划，然后再决定在这段时间内企业应实现哪些目标。要注意，订立的目标必须明确可行，而且是可以衡量的。比如说，准备增加多少市场份额，带来多大的利润等。在制定目标时，要根据前面拟订的计划来进行，这个计划会影响管理者所做的一切事情。小企业在创办过程中，计划也不是一成不变的，要根据市场情况定期调整，而不是等计划到期之后再去制订新的计划。

3. 分析企业的长处与短处、机遇与威胁

企业的长处与短处指的是企业的内部因素，对它们可以加以控制。而机遇与威胁则是企业的外部因素，存在于外部环境中，对它们没有或者只有很小的控制力。通过对内部和外部因素的分析，可以扬长避短，增强企业竞争力。

4. 形成战略计划

创业者要审视自己可以支配的资源，确定行动的历程，制订实现目标的计划。许多经营者由于条件所限，不能根据自己的意愿来制订战略，在这种情况下，要根据企业的使命、目标和资源情况制订最合理的战略，一旦战略确定，就可以开始制订和实施经营性计划了。

4.1.3 形成计划的步骤

1. 第一阶段：经验学习

下面是美国麻省理工学院斯隆管理学院在创业方案大赛中积累的取胜诀窍：

1）组建一个包括技术人才和管理人才在内的具有综合技能的团队；组建起来的团队成员每人能力都很强，堪称创业家，同时又能灵活、协调、有效地工作。

2）开发出一种盈利模式，而不仅仅是一项发明。"仅仅说明你的产品或服务的性质还不够，还要清楚地阐明谁、为什么、在哪里、什么时候、如何做这些关键问题。技术方面的东西不论如何具体，都不能取代清楚明确的市场营销方案。"这是大赛获胜者的经验之谈。"你这是一件技术发明，而不是一种盈利模式。"评审专家在淘汰一项创意时通常这样说。

3）从各方面人士那里获取忠告，不论他们是同学、教师，还是竞争对手或家庭成员。

4）分析顾客：他们在寻找什么？

5）分析竞争对手：你有什么他们没有的长处？

6）展示你的一种持续的、有竞争力的优势，例如你能够设立市场进入障碍或是拥有自主知识产权，使得对手无法夺取你的市场。

7）写作的文字要直接、中肯，切勿夸大其词、使用大量修饰辞藻。

8）制订创业方案和进行时间安排时一定要实事求是、有根有据，注意避免好高骛远、不着边际。

9）不要刻意在技术、质量和价格方面展开竞争。

10）能够吸引潜在投资者的是如何分析出一大片市场空间，他们喜欢的是潜力巨大、增长快速的业务。"如果你正在学到的是如何创造一项业务，那你就已获胜了。"

2. 第二阶段：创业构思

这个阶段，要求创业者进行换位思考，把自己当作投资人，应该认真思考：

1）市场机遇与开发谋略：社会面临什么问题？你准备以什么产品或服务来解决这个(些)问题？你的产品或服务的潜在销售额有多大？如何创造这些销售额？你的首批顾客在哪里？

2）产品与服务构思：你的产品或服务是否能够针对真正的顾客需要，帮助解决他们面临的实际问题？你将如何销售自己的产品或服务？你的收入来自何处？要撰写你构思的产品或服务的简介，以便向潜在顾客展示。

3）竞争优势：谁将是你的竞争对手？你的产品或服务与竞争对手相比，在使用价值、生产成本、外观设计、环境和谐、上市时间、战略联盟、技术创新和同类兼容等方面有何长处？

4）经营团队：如果团队已组建好，可以用一个自然段说明个人在其中承担的角色以及在这种角色方面已经具有的背景。如果团队仍未组建好，可以说明构成经营班子所需的人才与技能。然后，认真思考和回答下述问题：

① 所说的业务是否具有高速增长的潜力？
② 所说的业务能否抵御竞争对手的竞争？
③ 所说的业务需要多少前期投资？
④ 所说的业务需要多长时间才能推向市场？
⑤ 所说的业务是否具有成为该市场领先者的潜力？
⑥ 所说的业务的创意在目前阶段开发得如何？
⑦ 经营这项业务的团队队员的素质水平与技能互补性如何？
⑧ 凭什么说此项业务在今后五年能够茁壮成长？

3. 第三阶段：市场调研

（1）顾客调研　在进行市场调研时，一定要花些时间同实际上的潜在顾客进行接触，而通常情况下获得有关信息的最快办法就是向知情者请教。你可以采用采访和调查的方式，去接触潜在的顾客、供应商和竞争对手，这是最有效、最快速和最可靠的办法。至少找到三个你构思的产品或服务的潜在顾客，而且这三者之中至少有一个是你未来的产品或服务的分销商。只有借助这种分销商，你才能将自己的产品或服务推向目标市场。要设计调查问卷，并对这些潜在顾客进行提问。要将这种问卷和答案、调查的结果保存下来，以便作为实地工作的备查证据。要将调查顾客的结果分析成一份 1~2 页的提要。要重视数据计量，如现有顾客数量，他们愿意为产品或服务付出的价格，你的产品或服务给这些顾客带来的经济价值等。还要搜集的数据包括顾客购买此类产品的时间周期、谁在决定是否购买、如何防范别人模仿你的产品或服务、为什么你的产品或服务对于目标市场中的消费者或是用户具有应用意义。

（2）竞争对手调研　要找出你的竞争对手，分析该行业竞争的各个方面。在分销产品或服务方面，你会面临什么样的难题？是否有可能结成战略联盟？哪些可能成为你的盟友？将这些问题及其答案写成一份 1~2 页的提要。

4. 第四阶段：方案起草

在写完创业计划书之后，最好再对计划书检查一遍，看一下计划书是否能准确回答投资者的疑问，争取投资者对企业的信心。通常，可以从以下几个方面对计划书加以检查：

1) 你的创业计划书是否显示出你具有管理公司的经验。

2) 你的创业计划书是否显示了你有能力偿还借款。要保证给预期的投资者提供一份完整的比率分析。

3) 你的创业计划书是否显示出你已经进行过完整的市场分析。要让投资者坚信你在计划书中阐明的产品需求量是确实的。

4) 你的创业计划书是否容易被投资者领会。创业计划书应该有索引和目录，以便投资者可以较容易地查阅各部分内容。此外，还应保证目录中的信息流是有逻辑的和现实的。

5) 你的创业计划书中是否有计划摘要并将之放在最前面，计划摘要相当于公司创业计划书的封面，投资者首先会看它。为了引起投资者的兴趣，计划摘要要写得引人入胜。

6) 你的创业计划书是否在文法上全部正确。如果你不能保证，那么最好请人帮你检查一下。计划书的字符错误和排印错误会使企业家丧失机会。

7) 你的创业计划书能否打消投资者对产品或服务的疑虑。如果需要，你可以准备一件产品模型。

创业计划书中的每个方面都会对筹资的成功与否产生影响。因此，如果你对你的创业计划书缺乏成功的信心，那么最好去查阅一下计划书编写指南或向专门的顾问请教。

4.1.4　计划的可行性评估

计划书是对未来行动的一种预测，要想使这种预测转变为指导未来行动的可靠依据，就需要对其进行可行性评估。

1. 对计划的评估应该是经常性的

市场是不断变化的，无论是长期计划还是短期计划，只有在经过可行性评估之后，才对实践具有指导作用。

2. 计划的评估也应贯彻在计划的每个细节中

由于计划具有内在的逻辑性和关联性，所以只有对计划的实施逐步分析评估，才能保证整个计划的可行性。

3. 确保计划评估的准确性和及时性

聘请有经验的专业人士阅读你所做的计划并对其提出各自的建议，这是评估的重要方式之一。

在计划的执行过程中，也要随时根据外部环境的特点和内部因素对计划不断地进行调整。通常，外部环境对计划的影响具有导向性作用；而在内部因素方面，则可以通过不断考核企业的财务、销售、经营、人员效率、设备设施运转等方面的情况，随时加以评估。计划不是也不可能是永久不变的，只有不断地修改、调整，才能适应市场，才能对企业的经营起到正面的指导作用。

【案例】创业之初，亲兄弟也要明算账

> 李向东在外资企业干了七八年，手里积攒了30万元，由于自己所服务的外资企业准备撤出中国而待业在家，于是就想寻找一个合适的项目准备自己创业。
>
> 李向东的一个好哥们刘志河听到这个消息后，跑来向他推销自己的创业计划——二手计算机销售，还说这个生意投资小、不压资金、回笼也快，肯定能赚钱。在李向东犹豫之际，刘志河又说，只要李向东投资30万元，其他一切事情全部由他来做，到时候，他们两个五五分成。刘志河又一一列举了自己的市场调查资料，分析了经销二手计算机的市场前景如何光明。李向东在刘志河的蛊惑下，不仅对30万元投资一口应允，而且在将钱交给刘志河之前，也没有亲自或委托他人重新对经销二手计算机这一项目的市场前景进行任何调查。
>
> 结果刘志河拿到钱后，没多久就将经销二手计算机的生意做垮了，李向东的30万元投资当然也跟着打了水漂。

源于对朋友的信任，便拿出了自己全部的积蓄。上述案例在创业中很常见，创业起始时非常仓促，创业中期市场发生变革，都有可能让创业者面临失败。所以在创业之初，即便是亲兄弟也要对创业计划进行详细的调查、仔细的分析，才能走好创业的第一步。

4.2 组建创业团队

4.2.1 创业团队及其构成

创业者开办企业的过程就是创业者为了实现特定的明确创业目标对现有人力、物力和财力等资源进行重新整合的过程。在这个整合过程中最重要的就是人员的整合,也就是创业团队的构建。

创业团队就是由两个或两个以上有一定利益关系的,在创业过程中以开创新的事业为目的,拥有共同的价值定位、价值追求和发展战略目标,并共同承担责任,共享创业收益,紧密协作的群体。理解其内涵可以从特殊群体和团队目标两个方面入手:

1. 特殊群体

创业团队的构成与一般团队构成不同,创业团队首先是以创业者为核心的一群合作伙伴,团队成员在创业初期把创建新企业作为共同奋斗的目标,大家在集体创新、分享认知、共同承担风险、协作奋进中形成了特殊情感,并创造出高效率的工作流程。

2. 团队目标

创业团队在创业活动中应该制订一个共同目标,该目标应成为创业团队为之奋斗的理想和追求,并把这一目标与创业成员的发展紧密结合起来,组成命运共同体,形成你中有我、我中有你的关系。团队目标离不开创业成员的努力,创业成员价值的实现离不开团队的载体。

【案例】聚美优品的创业团队

"你只闻到我的香水,却没看到我的汗水……"这是聚美优品创始人陈欧及其创业团队设计的广告宣传语,它揭示了"80后"的生存现实,唤起了这一代人内心的梦想和激动,使其一经喊出就迅速爆红网络,陈欧及他的团队就这样走入了大众的视野。

2014年5月,聚美优品正式挂牌纽约交易所,31岁的陈欧成为纽约交易所历史上最年轻的上市公司CEO。截至2014年7月4日,聚美优品的市值为248.03亿元人民币,陈欧的身价达到88.3亿元人民币。

陈欧的背后有一个年轻且强大的创业团队,团队中的元老铁三角由陈欧、戴雨森和刘辉三人组成,在不知道经历了多少次尴尬、无奈、碰壁之后,三人组建的圆美网终于上线,并在中国开创了化妆品垂直网售的先河。曾经的圆美网,今天的聚美优品的核心团队不断发展壮大,基层管理人员大多数是80后,甚至有些中层管理人才是88后。这个看似年轻稚嫩的团队,硬是在很短的时间里凭借一种不服输的心态和独特的韧劲开创了商界一个又一个奇迹。

3. 创业团队的组成要素

(1)人(合作伙伴) 创业团队构成的是以创业者为核心的一群合作伙伴,人是新创企业中最活跃、最有价值的核心资源，也是推动新创企业发展的根本动力。创业者不仅自身有知识、能力和素质，在选择团队成员时，还要考虑团队成员各方面的综合因素，使创业团队成员结构合理且能够优势互补。创业者必须以人为本，加强与团队成员的沟通协调，通过共同目标和价值观来凝聚团队成员。

【案例】免费员工

> 在校读大二的李明，通过仔细的调查发现，如果在学校门口开设一个报刊杂志的销售点会很赚钱，尤其是时尚类杂志，很多女同学都要跑到很远的路口报刊亭去买。经过一番努力，销售点开起来了，可问题也接踵而来，李明上课的时间与管理报刊点的销售时间经常有冲突，他想雇佣一名员工。
>
> 可开办销售的费用是借来的，如果支付工资会影响还款计划，而且对营业款项的收取没有办法进行监督，也不放心，就在此时，正好李明的父亲退休了，于是他的父亲便接替李明成为管理报刊点的新员工。

这个案例很好地说明了一个问题，家人的参与使得监督难度降到最小，交易成本减至最低，几乎没有委托代理的管理成本，同时内部信息沟通的程度高、速度快，这是家人参与企业时所具有的天然优势。

（2）战略规划　创业团队在创业活动中应有一个创业战略规划目标，该目标应成为创业团队的奋斗理想和使命，缺少共同目标和使命的创业团队没有凝聚力和战斗力。因此，创业团队组建时，要制定创业战略规划目标并把这一目标与创业成员发展结合起来，组成一个命运共同体，为一个共同的理想事业去拼搏奋斗，而不仅把创业活动作为一个发家致富的工具。创业团队通过制定科学的短、中及长期发展规划，进行科学系统地分步实施，从而有效指导团队的创业活动。因此，创业团队成员追求的最高目标应该是自我价值和社会价值的实现，以及较高的成就感、使命感，而不仅仅为眼前利益。

（3）团队定位　定位主要指创业的发展方向，也包括团队成员在创业活动中具体做什么工作，即分工定位问题。合理定位是能够充分发挥团队成员的优势，使他们的工作能力达到最大化，潜质得到充分释放，并形成"1+1＞2"的合力，推进新创企业健康成长。

（4）团队制度　制度是团队运行的规则。制度决定团队工作的稳定及发展。无论是决策、工作运行、权力结构等都要靠制度约束与激励。例如，根据责权利统一的原理，必须赋予每个成员一定的权力，承担相应的责任，获得一定的利益。这不仅有利于凝聚员工，以权行事，参与创业管理，并且，在规定的权限下进行决策，有利于提高新创企业的工作效能。因此，为了有效地推进创业进程，创业团队应有明确的战略规划，人员配置合理，定位准确，责任明晰，严格按照各项规章制度办事，这样才能使团队建设及创业活动达到较好的工作效能和创业效果。

4. 创业团队的价值

优质的创业团队对于新生企业的存在与发展具有非常明显的作用，如团队成员专业技能的融合、各类资源的共享和智慧的凝聚等。

（1）优势互补　创业既是"梦的开始"，又是"困难的开始"。人们都会认同一句话，即"没有完美的个人,但可以有完美的团队"。一个人无论多么睿智或勇敢,无论专业素养有多强,他的整体能力也是有限的。但团队则不同,团队中的每一位成员身上都蕴含着巨大的力量,而当这些力量碰撞到一起时,必然会产生绚烂的火花。企业在其整个生命周期中需要创立者投入多方面的智慧,如项目分析、产品设计、技术完善、市场开发与稳固、企业管理、风险评估等,所有这些工作都需要投入巨大的心力,它绝对不是一个人能够完成的。但如果将这些工作分配给拥有对应专业特长的成员,那么这种"不可能"就会变为"可能"。

(2) 资源共享　创业团队的一个重要价值在于成员之间资源共享。创业者在创业过程中必须要经历很多阶段,如制订创业目标、寻找创业项目、筛选创业项目、分析项目价值、评估项目市场、撰写创业计划、获取启动资金和创办新企业等。而这些阶段都需要创业者拥有大量的各类资源,如信息资源、资金资源、专业技术、人才资源、人脉资源和渠道资源等。一个人同时获得这么多种资源的概率是非常小的,但一个团队可以做到。团队成员各自掌握着不同的资源,当这些资源汇集到一起时就可以满足创办企业的需要,将创办企业的想法变成现实。

(3) 激发智慧　"三个臭皮匠,赛过诸葛亮。"这句话不是指人多力量大,而是指人多智慧多。当创业团队的成员就某一问题寻找解决方案时,每个人都会从自己习惯的角度去思考问题,因此每一个人给出来的解决方案都暗藏着一个独特的切入点,当所有成员都提出了各自观点之后,这些观点又会对其他成员产生一种刺激,进而形成更具创新性的想法,这个过程就是团队成员之间的头脑风暴,它能够帮助创业者激发更大的智慧。

(4) 降低风险　通常情况下,创业团队是由熟悉的人组成的,他们或者是同学,或者是战友,或者是亲人,或者是一起长大的朋友,他们有着相似的价值观和一致的目标。这样的团队构成使得成员之间都非常了解,大家对于彼此的个性、喜好、坚持、厌恶等都非常清楚。团队成员之间相互理解、信任,能够很快地融合,保证在创业道路上能够很快做到步调一致。例如,比尔·盖茨就是与自己的同学兼好友保罗·艾伦一同开创了商界神化。因此,团队成员之间的"熟悉"可以在很大程度上降低企业运营因人而产生的风险。

【案例】变形虫经营

> 稻盛和夫被日本企业界誉为"经营之神"。他所创办的京瓷公司是日本著名的高科技企业。
>
> 京瓷公司刚创办不久,就接到松下给出的电子显像管U形绝缘体的订单。这笔订单对京瓷公司的意义绝非一般。但松下给出的价格非常低,很多人都认为这笔生意不值得做,但稻盛和夫认为:现在没有其他生意可做,松下提出的价格虽然低,但我们通过自己的努力,还是可以挣钱的。
>
> 经过多次摸索,公司创立了一种名叫"变形虫经营"的管理模式。具体做法是将公司分为一个个的"变形虫"小组,作为最基础的经济核算单位,将降低成本的责任落实到每一位员工身上。甚至后来,连打包的工人们都知道一根打包绳多少钱。最终,京瓷公司运营成本大大降低,即使是在满足松下供货价格的情况下,也取得可观的利润。

人的潜力是无限的，而多人团队的潜力也是如此，上下齐心的团队更是可以完成许多看似"不可能"的事情。

4.2.2 创业团队的组建

创业团队的组建没有统一和固定的模式，团队成员能够走到一起，取决于共同的目标和价值观。虽然没有固定的模式，但创业者可以按照一些步骤来组建一个良好的创业团队。

1. 创业团队的组建步骤

（1）识别创业机会，明确创业目标　创业机会的识别是建立创业团队的起始点。机会在生活中随处可见，但创业机会并非如此，创业机会是创业者可以利用的商业机会。

（2）制订创业计划，选择创业伙伴　选择合适的创业伙伴的过程，都应当始于创业者所制订的创业计划书。一份周到、细致、有说服力的创业计划书，应该是能够吸引人才以及风险投资者的，这对组建优秀的创业团队十分重要。创业者应根据自己的情况，从创业需要实际出发，寻找那些能与自己在知识、技能和特别方面具有互补性的合作者。创业者可以通过媒体广告、亲朋好友介绍、互联网等形式寻找创业合作伙伴。选择合作伙伴时应主要考察对方的综合素质、工作能力和知识结构等。

（3）落实合作方式，加强特征融合　在寻求到合作伙伴后，双方还需要明确如下相关问题：

① 合作方式是采用合伙制，还是公司制。

② 要对创业计划、股权分配等问题进行全面的协调与沟通。

③ 要制定创业团队的管理规则，用制度来约束团队成员之间的职责权利关系。

④ 要把个人发展与企业成长结合起来，把短期目标和长期目标结合起来，站在长远角度来选择和落实合作方式。

⑤ 要加强对创业团队的调整融合，因为随着工作深入与创新企业的发展，有些问题会暴露出来，因此团队的调整与融合也是持续动态的过程。

（4）要考虑创业失败的风险底线　创业合作伙伴的加入意味着放弃其他发展机会，创业者必须要考虑这些创业合作伙伴的成本机会。这些合作伙伴是在权衡成本与收益之后所做出的选择，如果成功则实现了创业价值，而创业失败会有哪些后果，这些核心问题都应该考虑周全。一般说来，创业暂时失败时也正是企业生与死的关键时刻，如果创业合作伙伴萌生退意，将会打击创业团队的凝聚力，企业可能会运行不下去，甚至分裂解体。因此，创业者和团队成员之间要加强沟通协调，防止可能出现的严重分歧，以免影响创业成功。

2. 创业团队的行动原则

（1）以创业机会为线索　所谓创业机会，就是创业者可以利用的商业机会。有的创业者认为自己有很好的想法和点子，对创业充满信心。其实有想法、有点子固然重要，但并非每个大胆的想法和新异的点子都能转化为创业机会。许多创业者因为仅凭想法去创业，最终以失败而告终。

（2）以凝聚力为核心　创业团队的凝聚力不仅是维持团队存在的必要条件，而且对团队潜能的发挥有很重要的作用。一个团队如果失去了凝聚力，就不可能完成组织赋予的任务，本身也就失去了存在的条件。团队凝聚力是团队对成员的吸引力、成员对团队的向心力，以及团队成员之间的相互吸引。团队中每个成员都是紧密相关、不可分割的利益共同体,企业的成功既是成员共同努力奋斗的结果,也是成员获取收益的保障。

(3) 以合作精神为纽带 合作精神非常重要,一个团队是否有合作精神要看创业者有没有开放的胸怀,是否善于跟别人合作。优秀的创业团队应该是一个优势互补的团队,是由研发、技术、市场、融资等各方面组成的一流的合作伙伴。团队成员相互配合,取长补短,形成合力。无数事实证明,合作是创业团队取得成功的保证,不重视合作的创业团队是无法取得成功的。

(4) 以完整性为基础 完整性是组织创业团队的重要特征之一,是影响创业绩效的重要因素。成功的创业团队是因为有一个完整的团队,完整团队拥有的资源能够支撑创业的成功开展,能够抵御创业的风险。

因此,组建创业团队要注重职能完整性、技能完整性、资源充实性。其中,职能完整性是推进创业实施的所有相关职责被团队成员全面负担的程度;技能完整性是团队成员基本具备实施某项创业所需技能的程度;资源充实性是团队拥有创业所需资源的充实性程度,包含团队成员之间资源共享的程度、团队成员愿意为队伍贡献资源的程度和资源满足创业需求的程度。

(5) 以长远目标为导向 一个组织的兴衰存亡取决于其团队的敬业精神,新创企业也不例外,一支敬业的团队,其成员会朝着共同的梦想,满怀激情地为企业的长远目标而努力。他们将在长远目标的指导下分解创业目标,以短期实现中期,以中期实现长远,经过不断奋斗,实现终极目标。

(6) 以价值创造为动力 在"大众创业、万众创新"的浪潮涌来之际,创业成功和失败的事例每天都在发生。"时代对于创业者的要求在提高,检验一个项目成功的速度在加快,真正创造价值、提高效率的项目才会存活。"创业团队成员都致力于价值创造,竭尽全力把蛋糕做大,从而使所有的人都能获利。

(7) 以公正性为准则 尽管法律或道德都没有规定创业者在企业收获期要公平、公正地分配所获利益,但越来越多的成功创业者都关注共同分享收获。只有这样,团队才会形成强大的凝聚力与一体感。

【案例】创业要找最合适的人,不一定要找最成功的人

> 2006年7月,几个大学生刚毕业就决定自主创业。他们看好了一个很有市场的投资项目,但是由于彼此经济基础薄弱,不得不寻求投资合作伙伴,以求利益共享、风险共担。经过多方考察,他们选择了一家极具实力的大型企业,对方为这一项目投入了足够的资金,同时也占据了大部分的股权。资金问题解决了,但在经营、管理、人力等问题上却不能达成共识。由于投资企业是大股东,根本不按这几名大学生的思路运作,结果使这几名学生失去了当初创业的雄心,而大股东并不真正了解正在做的项目,所以很快,这个创业就以失败而告终。

创业之初寻找伙伴,很多人都希望能够"背靠大树好乘凉",但实力过于强大的投资者毕竟对投资项目无法全盘了解,而这些投资人的意志有时候非常强大,尤其在他们有控股权的时候,就像前文中的几个大学生,虽然有创业想法,但却陷入了英雄无用武之地的尴尬中。

4.2.3 创业团队的管理

1. 创业团队的发展阶段管理

创业团队是一种为共同目标而组建的团队,也是一个有生命的组织。著名的塔克曼团队发展五阶段模型认为,任何团队的建设和发展都需要经历初创阶段、震荡阶段、规范阶段、成熟阶段和解散阶段等五个阶段。虽然不同阶段之间并不一定界限分明,但每一阶段创业团队成员呈现出的心理特征是有明显差异的,因而创业团队各阶段管理的侧重点也就有所不同。根据各个阶段的发展规律来看,制订创业团队管理的策略和办法应根据不同的阶段进行不同的策略调整,只有这样才能有效地解决创业团队在发展过程中存在的各种问题,从而提高创业团队的运转效率。

(1) 初创阶段 这一阶段创业团队成员处于不稳定的状态,成员对自己在创业团队中的角色和职责、对创业团队的目标、其他成员及未来的同事关系等都表现出极不稳定的情绪,因此这一阶段应该做好以下几方面的工作:

① 应该积极讨论并明确各项工作制度。当创业团队成员明确项目目标要求及各自的分工和职责后,新创企业应在公平的环境下让创业团队成员共同讨论并明确需要共同遵守的各项制度,如所有权分配机制、绩效考核和薪酬体系等。值得重视的是,要取得创业团队成员的共识,它是确保新创企业的生存和发展的制度保证。

② 明确创业团队成员以共同目标为导向。创业者在组建团队时,需要设定切实可行的奋斗目标,该目标激励着团队成员把个人目标升华到团队成员的共同目标中去,使成员们相信他们处在一个命运共同体中。如果缺乏共同的目标,会使团队没有凝聚力,容易发生分裂。

【案例】友情? 规定? 孰轻孰重

> 打虎亲兄弟,上阵父子兵,这在我国既是历史又是事实,家族经济大多是从夫妻店开始的,即便与他人合伙,合伙的对象也多是亲朋旧友。
>
> 身为湖南某公司老板的武某,绝对是依靠朋友的帮助才白手起家的。早在20世纪80年代,那是一个敢想、敢做的时代,武某与一群农民工兄弟搞定了一个乳化炸药项目,因为这个乳化炸药项目需要与某种技术产生联系,于是武某就顺势成立了一家节能工程公司。公司生意搞得红红火火,武某也没有忘记那些曾经与自己一起同甘共苦的兄弟,武某在公司成立之初,就做出了一个决定:只要自己获得了一块钱的利润,就必须无偿地捐出8毛钱给社会,自己只留下2毛钱用于发展。不但自己这样做,武某同时要求他的那些农民兄弟,赚一块钱,自己只可留3毛,7毛要捐给社会。
>
> 十几年过去了,武某自己账面上竟然没有一分钱的积蓄,而他当初那些兄弟,个个财大气粗,随着公司渐渐沉寂,武某很快就变成了一个穷人。
>
> 纵观武某创业过程可以发现,他绝对是一个好人,而且颇有"大侠"风范,但经营创业绝对不是靠仁义就可以的,现代社会讲究的是制度,要照章办事,无规矩不成方圆。武某的落败,既是偶然,也是必然。

(2) 震荡阶段 这一阶段创业团队成员的心理处于一种剧烈动荡的状态,团队成员的情绪特点是紧张、挫折、不满、对立和抵制。这时就需要积极应对和解决出现的各种问题和矛盾，需要充分容忍不满的出现，解决冲突和协调关系，消除创业团队中的各种震荡因素，引导创业团队成员调整自己的心态和角色，使每个成员能够更好地了解自己的工作和职责以及自己与他人的关系，只有这样才能使创业团队的成员顺利地度过这一阶段。为此，这一阶段应做好以下几方面的工作：

① 对创业团队的成员要理解、支持和包容。创业团队管理大体上可以采用柔性管理的模式，创造一种和谐而快乐的工作环境，大家一起讨论问题、处理问题，这样能增进各成员之间的相互了解，减少冲突的产生，使创业团队成员能够在创业团队精神的带领下工作。在创业团队之间建立高度的理解和信任，遇到问题和发生冲突时，积极解决问题，无顾忌地说出各自的建议，最终能够圆满解决矛盾。所以，新创企业要全面推崇这种开放、诚实、协作的办事原则，培养成员间彼此信任感。

② 鼓励创业团队成员参与管理、共同解决问题。鼓励创业团队成员参与管理、共同决策可以提高创业团队的应变能力，更好地应对新创企业生产经营中的突发性事件，也可以提高对项目决策的承认和接受程度，培养坦诚开放的创业团队精神。

（3）规范阶段　规范阶段是经历了震荡阶段的考验后创业团队正常的发展阶段。在这一阶段，创业团队成员对工作和环境已经接受并熟悉，成员之间的关系已经理顺。创业团队的文化氛围和凝聚力已经形成，相互间的信任、合作和友谊的关系建立，各项规章制度正常运行。在这一阶段，新创企业应督促创业团队成员按照规章制度的各种规范去改进和规范自己的行为，使全体成员拥有一定的凝聚力、归属感和集体感，从而提高整个创业团队的绩效。

（4）成熟阶段　在这一阶段，创业团队积极工作，不断取得成绩，创业团队成员之间相互信赖，关系融洽，凝聚力更强，工作绩效更高，创业团队成员的集体感和荣誉感更强，更具有项目认同感，能够发挥个人潜力，提高工作效率。在这一阶段，新创企业要对每个创业团队成员进一步授权授责，以使创业团队成员更好地实现自我管理和自我激励。

（5）解散阶段　团队的高度凝聚力也有其负面作用。对团队以外的世界或者新加盟的团队成员缺乏开放性，容易失去对有助于事业成功的外部环境所应有的焦虑感和高度的敏锐性。当外部环境发生变化，特别是在市场、竞争者或者技术方面发展变化时，那种具有高度凝聚力和高效率的团队组织就无法及时做出反应，他们可能会继续采用过去的理想和思维来看待变化并采用相应的行动，团队也就渐渐地陷入一种群体思维陷阱之中，并形成某种"组织惰性"。为防止新创企业团队解散，在这一阶段新创企业应提高对外部环境的应变能力和创新精神。

2. 创业团队的管理技巧

（1）有一个可以实现的、引发团队共鸣的发展目标　目标是方向、是灯塔，指引着企业团队持续不断地发展。一个企业能走多远关键看它有什么样的发展目标和愿景。在制订发展目标的时候，应注意以下几点：

① 根据企业和团队自身的实际情况以及所处环境与未来趋势制定发展目标。
② 忌太空洞，不切合实际，但也要避免过于狭隘。
③ 听取团队核心成员的建议，团队核心成员之间要达成共识。
④ 要有凝聚力和较强的指导性。

目标的实现是长期的过程，对于创业型企业来说，可能会有相当大的难度，应该坚持到底。

(2) 留住人才　管理是一门艺术，管理人更是一门艺术。留住人才不是留住所有的人，而是"取精华，弃糟粕""远小人，近贤臣"，宁缺毋滥。建议如下：

① 短期留住人才靠工资，中期留住人才靠奖金，长期留住人才靠股份，永远留住人才靠思想。

② 了解员工，想其所想，进行期望管理。

③ 言必行，一诺千金，承诺必须兑现。

④ 核心团队要给予一定的股份，让其明白是在做自己的事业而不是在打工。

⑤ 如果做不到，必须要讲到。工资滞后发放，奖金少或不发，承诺因客观原因未兑现，必须给团队解释。沉默会使团队感觉你不关心这些，感觉你认为这些是应该的。

⑥ 以宽广的胸怀对待员工和大小股东。

⑦ 每个团队成员离开时，要分析团队存在的问题，这样才能促进团队的建设。

⑧ 以德服人。

(3) 增强团队的凝聚力　团队的战斗力来自于团队的凝聚力，各自为战，其力甚微，小业绩靠个人，大业绩靠团队。团队作战才能发挥创业团队的积极性，燃烧团队的激情。增强团队凝聚力可以从以下几个方面做起：

① 形成团队共识和乐于接受的文化与目标。

② 创造和谐互助的团队氛围。

③ 进行一些团队拓展活动。

④ 定期组织团队成员共同参与有意义的活动。

⑤ 建立团队合作协调的工作流程。

(4) 提高团队的执行力　再好的策略和方案不去执行，都等于零。想了许多，也讲了许多，就是没有去执行，工作不会有任何成效。思想没有了载体，寸步难行。要提高执行力，必须做到以下几点：

① 职责明确，责任到人，让每个人都知道自己应该去做哪些事情。

② 奖惩分明，执行到位要奖励，执行不力必惩罚。

③ 进行过程控制与监督，把工作分解，分步骤去完成。

④ 限定完成工作的时间，到期必须完成。

⑤ 监督工作的质量。

(5) 激发团队的创造力　创新型团队的特点就是创造力强，有许多思想的碰撞，如何更好地发挥这个优势，产生更大的成果，是创业者非常关心的事情。要激发团队的创造力，首先，创造一个适合的环境和氛围，让团队成员有更大的创造空间和平台；其次，对团队的新成果有一定的奖励措施；最后，对团队成员进行引导，多给予一些方法指导。

3. 创业团队的激励

在新创企业中，必须关注创业团队成员特别是经理人员及关键技术人员的激励问题。其目的是最大限度地激发创业团队成员的积极性和创造性，进而实现新创企业的共同目标。对创业团队成员的激励有以下几种方式：

(1) 认同激励　认同激励是指团队成员认同核心创业者的创业目标与思路，并愿意为之不懈努力，共同铸就其未来成功的激励方式。从某种程度上讲，认同激励是各种奖励方式中最重要的，因为只有创业者的目标与思维具有一定的信服度才能得到他人的认同，其创业活动才有一定的号召力和凝聚力，进而才能组建起一支优秀的创业团队。核心创业者必须明白，在创业活动的过程中，他既要激励自己，又要激励团队、激励员工，用人格魅力让团队和员工能够预期到创业的前景，建立收益制度，保障团队成员和企业员工的劳动所得。但是，所有这些工作的前提必须是自己的目标与思路能够得到大家的认同，并将他们牢牢地凝聚在自己周围。

（2）产权激励　新创企业给予管理人员及核心员工以产权鼓励是十分重要的。因为产权激励能够使人产生"企业有我的一份，自己在与企业同步成长"的感觉。给予管理人员及核心员工（如关键技术人员）以产权激励时应采取期权激励的方式。一些企业实行这些制度的目的是促使持有者的未来收入与其努力程度及能力挂钩，以消除其行为的短期化。目前，有不少国家将公司的高层管理人员及核心员工持股作为一种长期的激励方式，与工资、福利、津贴等短期激励方式共同构成了使企业高层管理人员、核心员工与股东利益相一致的管理模式。其中，股票期权这一由企业所有者向高层管理人员及核心员工提供的工具正在被广泛地使用。

（3）兴趣激励　兴趣激励就是创业者要为团队成员寻求工作的内在意义，让团队成员做自己感兴趣的事情。任何一种兴趣都是因为参与了某种活动而使身心感到满足的结果，这种满足伴随着一定的情感过程，由此产生的内在激励会更持久、更经济、更有效。

在企业内部，责任与兴趣相伴而生。兴趣主要为实现这个目标，责任则为企业创造价值，当两者可以通过激励机制得以融合时，团队成员就会被巨大的使命感所驱动，以积极奉献的精神投入到企业的工作过程中，从而使人才资源得到合理利用。兴趣的影响渗透在各种软性激励因素之中，以兴趣为代表的内在需要的满足已经成为激励团队成员的关键，从团队成员在工作中努力实现自身价值、追求自主工作和自我发展。

（4）信任与位置激励　信任与位置激励是指充分信任管理人员及核心员工，并使他们处于适当的管理或技术岗位。在企业中，人人都想有合适的位置。一个人在企业只有处于合适的位置，才能充分发挥自己的创造性，充分调动自己的积极性。

（5）工作环境激励　工作环境激励就是要为核心员工创造条件，提供优越的工作环境，其中包括硬件环境和软件环境，而这种工作环境在其他企业往往无法实现。

合理恰当的激励是企业团队不断发展和成长的动力，给予每个成员适当的激励既能够刺激创业者发挥最大的能效，获得更多的收益，又有助于增强创业团队的稳定性，因为单个创业者在团队中能获得期望的收益才会更加努力地工作。然而激励的方式并非一成不变，创业企业在不同的生命周期内，创业者们所需要和追求的利益会随之改变，因此要根据实际情况调整激励方式，从而使创业者们在各个时期都能尽最大的能力为整个团队和企业的发展做出贡献。

感情是人最珍贵的东西，在自己真心待人时，也期望别人能够给予相应的回报。某些小企业之所以搞不好，很大一部分原因是过于"滥情"，所以一套完善的管理制度比没有希望的"感情投资"来得更理性一些。

4. 创业团队的风险管理

（1）创业团队的风险因素　在企业创办过程中，无论企业的商业机会是好是坏，也无论团队成员是否密切合作，总会遇到一些问题。企业可能尚未成立就四分五裂，也可能在成立初期就夭折了，或者陷入长期而烦恼的分裂冲突和争权夺利中，这些问题即使不会摧毁一个企业，也必定会严重伤害其发展潜力。这就是创业团队风险，它在一定程度上成为创业的最大风险。对于创业团队风险因素，归纳起来有以下几点：

① 信任缺失。

在创业过程中，创业团队成员之间容易出现不信任，这种不信任既包括人格的不信任，也包括能力的不信任。创业团队的领导者如果对其他成员不信任，轻则会导致团队成员积极性下降，重则会导致团队溃散。这种信任危机遇到利益分配、认知不同等情况时，便会使矛盾激化，很可能导致团队溃散的破坏性后果。

② 分配不公。

在整个创业过程中，团队成员都希望自己的贡献与得到的回报相匹配，希望在利益分配方面体现公平性。但是，创业团队成员所做贡献和得到的回报总是处于动态变化之中，在创业的不同阶段，创业亟须的资源可能会有很大不同，每个创业团队成员所拥有的资源也会发生动态变化。这种变化将直接影响创业团队成员所做贡献的最佳组合方式，也影响着每个人对于贡献大小的判断和回报的期待。创业之初，创业团队成员通常能够为了共同的理想和奋斗目标一起奋斗，很少计较获得什么样的回报。但是，随着事业的发展，他们越来越关心个人所获得的回报。许多创业团队的散伙就是因为在创业初期没有制定明确的利润分配方案，从而导致日后在分配利润时出现争议。

③ 个性冲突。

个性是一个人区别于他人的、在不同环境中显现出来的、相对稳定的、影响人的心理特征的总和，包括需要、动机、兴趣、理想、信念、能力、气质和性格等。现在有很多创业团队是由一些因为私交很好而在一起的伙伴来共同创建的。

④ 理念差异。

提高团队效率的关键在于团队成员要有一致的创业目标、创业利益、创业思路，一致的行动纲领和行为准则。但事实上，就特定的创业团队而言，关于这些问题，创业之初可能是清楚、一致的，也可能是不清楚、不一致的。在不清楚、不一致的情况下，共事一段时间之后，部分人就会发现原来大家没有共同的价值观，这时创业团队就有可能解散，这种情况是非常普遍的。

⑤ 缺乏沟通。

创业团队成员间的沟通非常重要，成员之间融洽的人际关系有利于做出能被广泛理解和接受的决定，并形成合力来完成共同的任务，最终有利于提高团队绩效。相反，创业团队成员之间缺乏真诚的沟通，则会导致情感冲突和人际关系冲突。在创业过程中，由于缺乏完善的沟通渠道，特别是在创业领导者存在"家长制作风"和团队成员缺乏沟通技能的情况下，沟通不善便会埋下团队分裂的隐患。

⑥ 失去信心。

当创业团队成员遭遇重大挫折，对未来失去信心时，创业项目可能因此而终止。当找不到新项目和出路时，创业团队便会因此而解散，团队成员各奔东西。同时，在创业过程中，创业团队成员还会产生更高层次的需要，如果他们认为未来无法满足这些需要，他们也会选择离开。特别是在市场竞争十分激烈的情况下，如果团队成员的心理抗风险能力较弱，过多地考虑自身的劣势，对外部可能产生的风险估计过高，对创业团队的未来没有信心，缺乏必胜的信念，而且没有提供及时、有效的激励时，那么必然会危及团队的生命。

⑦ 自我膨胀。

自我膨胀是指表现出来的自信心超出本人的实际情况，进而演变成盲目自大和自负。当团队成员认为离开团队也照样能够创业成功，不再需要其他人的配合时，就会产生甩开其他团队成员、独自创业的想法，最终可能导致创业团队分裂。

⑧ 外部诱惑。

在激烈的市场竞争中，人才的竞争尤为激烈。一旦创业团队出现上面提到的问题，遇到更好的待遇或发展机会时，团队成员的流失现象就可能发生，尤其是掌握了核心技术和重要资源的成员流失，将会给团队带来致命的损失。

（2）创业团队风险防范对策　从管理角度讲，创业团队风险是系统性风险，是可以控制的。为此，在团队组建后，要保持创业团队的稳定性、规避团队风险，同时还需要注意以下方面：

① 统一认知。

在管理创业团队时，需要明确的第一件事就是统一认知、统一思想，尤其是关乎团队成长、企业建设的核心问题必须有一致的认识。例如，团队应采取何种决策模式，是大胆放权的民主式，是小心谨慎的集权式，还是取两者之长的适度放权式。创业团队必须对诸如此类的关系企业生存发展的重大问题有足够的"默契"，才可以保证团队的稳定运转和企业的快速成长。

② 责权明确。

企业的创立是一项系统工程，要完成这一工程，团队成员需要协同作战，不仅要有共同的愿景，还必须根据各自所长承担相应的责任，以保证团队责权明确。在划分团队责权时必须保证总量一致原则，即团队中所有成员承担的责任无重复、漏洞，每一位成员承担的任务总和刚好等于团队的总任务量。团队成员责权明确，各司其职，才能保证企业稳步成长。

③ 有效沟通。

保证创业团队高效运作的一个关键因素是团队成员之间能够进行有效的沟通。只有有效的沟通，团队成员之间才会产生一致的认知，才能激发新颖的想法，才能消除误解和矛盾。

④ 充分信任。

创业的道路无比艰辛，即使一个人能力再强、本事再大，也无法以一己之力成就一番事业。毫无疑问，彼此之间缺乏信任的团队是走不远的，而一个人能让自己得到信任的前提是选择勇敢地相信别人。对于有责任感的创业者来说，信任本身会形成一股强大的力量促使团队成员为团队做出更大的贡献。

⑤ 共同成长。

优质的创业团队是有生命的，它会经历稚嫩、成长和成熟等不同的发展阶段，而在这一系列变化过程中，团队成员一定是共同成长的，包括在专业能力、心理承受能力、彼此的信任与默契、风险的预测和预防等方面。团队的成长会带来企业的成长，相反，团队的停滞也会导致企业的萎缩。因此，创业团队必须营造出一个良好的氛围，以保证成员可以不断地学习、不断地前进、不断地成长，不可安于现状或故步自封。

4.3 小企业组建

4.3.1 组建创业团队

创业者在即将注册公司时就应该组建创业团队，也有的人称之为经营班子。研究者认为，企业的成功需要三方面优秀的人才，如图 4-1 所示。

现代创业需要的是少走从前的弯路，从一开始就走规范化管理道路，因此，创业初始就应该组织起优秀的管理团队。创业者在组建创业团队时，不但要考虑能力，还要考虑志向与兴趣、品德。面对市场竞争，尽可能选择工程师的营销员、营销员的工程师。对于创业企业，需要聘任一个既有业务能力又有一定社会关系的会计与出纳，出纳更显得重要，创业者需要认真对待。

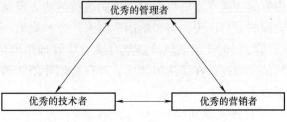

图 4-1 创业团队的三方面优秀人才

【案例】草草了结的创业团队

> 随着经济形势越来越好，一位博士生和两位硕士生因不满足于生活现状，辞去了各自的工作，一同走上了创业的道路。他们组成了一个团队并筹划开设一家公司。刚开始时，虽然日子过得十分艰难，但是他们对创业充满热情，怀着共同的梦想，同舟共济，每一个人都把公司的事情当成自己的事情看待。
>
> 在公司发展了一年左右，他们的努力终于使公司的业绩上了一个台阶。可在这时候，他们之间的矛盾也开始出现了，比如，他们在公司发展战略上各持己见，很难达成统一的意见；又如，他们对公司的利益分配产生不满情绪，有人觉得自己的付出与回报不对等。虽然各自的收入都提高了，但是由于一开始没有协商好分配，总是根据主观臆想来分配利润，所以经常产生矛盾。
>
> 于是，他们创业初期融洽的氛围逐渐丧失。过了不久，其中一位合伙人便脱离了团队，单独创办了自己的公司。而另外一位合伙人也在一年之后被一家猎头公司看中，跳槽到了另外一家企业。就这样，创业团队正式宣告解散了。

很多时候，由于开始时的创业激情高涨，很难理性地将合作成员间的管理权限、利润分配等问题协商清楚，但公司经营一旦越来越好，许多问题就会出现，所以，在创业之初，一定要将核心团队的管理权限、利润分配等问题协商清楚，而新东方是这样做的。

【案例】新东方的核心创业团队

> 俞敏洪，1980 年考入北京大学，毕业后留校任教，1991 年 9 月从北京大学辞职，从此开始了自己的创业生涯。1993 年，俞敏洪创办了新东方培训学校，刚开始只是一

个不足 $10m^2$ 的漏风办公室,经过一年努力,他终于把新东方发展成为北京小有名气的英语培训学校。

那时,我国出国热逐渐兴起,越来越多的人开始涉足这个领域。俞敏洪逐渐认识到,要把新东方做大,一定要靠名师来支撑,而且这样的名师除了要有过硬的专业知识外,还要和自己有相似的办学理念。此时此刻,他想起了曾经的同学,包括王强等人,实际上这也是俞敏洪深思熟虑后的选择,因为他明白这些人不仅符合新东方业务扩张的要求,而且他们还是自己大学时期的同窗益友,思维上有共性,肯定比其他人更能理解自己的想法,合作也会更加长久。机缘巧合之下,他遇到了杜子华,杜子华有着丰富的游学经历,有极高的领悟力和理解力,而且人缘很好。

当俞敏洪与他谈到自己对新东方的愿景时,杜子华曾经想过要成为"教育家"的梦想再一次被激发,就这样,杜子华加入到新东方创业团队。

随后,俞敏洪又分别到了加拿大和美国,成功把徐小平和王强"挖"到了新东方。1997年,俞敏洪的另一个同学,北大才子包一凡也从加拿大回来加入了新东方团队。就这样,徐小平、包一凡和王强都站在了新东方的讲台上。这是一群有理想、有激情、见过世面的年轻人。他们的背景各不相同,但有着共同的目标。

俞敏洪敢于选择他们作为创业伙伴,并最终成就了一个新东方传奇,从这一点来看,他是一个成功的创业领导者。他明白,新东方里面有很多性情中人,他们从不掩饰自己的情绪,也不迎合他人的想法,大家都是直来直去,有话就说。因此,新东方的团队成员都敢于互相指责,敢于纠正对方的错误,是宽容使得他们互相理解,互相进步;是团队精神,成就了新东方。

4.3.2 筹措创业资本

创业资本来自以下渠道:自己的积蓄、向亲朋好友拆借、以入股的方式募资、吸收风险投资、向银行借贷等。创业资本不一定一次募足,而且,对于企业处于创业阶段,资金永远都显得紧张。另外,对于创业者来说,最重要的是要抓紧时机,在有准备的情况下,时间是非常重要的。因此,当有了一定的启动资金后,就可以开始运作了。

对于有些开始创业的小企业,在没有成立时,就获得了客户的订单和预付款,这样,自己只需要很少的创业资金就可以创建公司了,启动后,再逐渐吸收资金。

【案例】积累创业资本

即将大学毕业的张向阳,偶然发现城市建设中需要大量的天然石板做小区或广场等的地面点缀,而他的家乡正好有着丰富、优质的青石板资源,于是暗自决定回家乡开发天然石板加工业务。但是,经反复推算,最少需要10万资金才能勉强启动小规模的项目。通过一番努力,并无多少社会资源的他无法从其他途径获得这部分投资款,家境贫困的张向阳没有多余的选择,最终只有决定通过打工来积累资金。

在几年的打工生涯中,张向阳换了好几家公司,最终选择在一家提成额相对较高的公司中从事器械的推销工作。他非常认真、努力地工作，千方百计总结方法和寻求潜在客户，希望尽可能地通过提高业绩获得更高的报酬。而在生活中，他处处节约，通过5年多的打工生涯，张向阳总算艰难地攒足了投资所需要的启动资金，当发觉天然石材市场需求持续增大时，毅然回到家乡投资早已看好的天然石板加工项目。目前，张向阳加工的青石板已销到全国各地的大城市，每天都有数量庞大的货运车辆等着装载货物发往全国各地。通过从无到有的努力和积累，张向阳已从一个打工者演变为当地数百家石板加工企业中的龙头老大，成为年轻有为的企业家。

从这个案例可以看出，对于没有任何创业资金的创业者来说，只要有信心，完全可以通过有计划、有目的的打工行为来积累所需要的创业资金，将自己的打工行为作为创业初期一个资金积累的阶段，除了能积累资金，还可以积累创业所需要的商业经验。只是，值得注意的是，未必所有人都能像张向阳那样幸运，最终能积累到自己需要的资金，他的职业选择、努力程度、节约意识起着很大的辅助作用。对于目前大多过着"月光族"生活的年轻朋友来说，通过打工积累创业资金并不是一件容易的事，只有把打工与创业行为联系起来，通过不断的努力，认真规划，有计划而努力地去工作，才有能获得回报，也才能达到自己积累创业资金的目的。

【案例】滚雪球式积累资本

四川小伙王临，2000年刚满14周岁时，由于家庭经济困难，早早失学在家，到外地弹棉花的舅舅家去帮工，只求能养活他自己。可是，意想不到的是，一年不到，机灵的王临不仅学会了弹棉花的手艺，而且竟然发现了弹棉花行业里蕴藏的巨大商机。他发现，弹棉花不但利润高，而且收入非常稳定，利用机器弹棉花轻松而快捷，舅舅全家因此而过着富足的生活，要是能把规模做大，把棉被卖到城里去，不是能赚更多的钱吗？王临把想法告诉了舅舅，可舅舅只当是小孩子的想法，并未理睬。

就这样过了一年，舅舅计划换台新机器，就把价值仅值几百元的破旧机器当作一年的工资送给了王临，让他回去和父亲一起弹棉花，小王临高兴得不得了，不久就和父亲在当地的镇上弹起了棉花，由于王临聪明好学，嘴又乖巧，很快在当地做得有声有色。虽然设备破旧，但生意非常好，第一个冬季过后，不但解决了家用，而且还有了一笔数量不算多的存款。这个时候，王临决定实施自己的计划，没等父亲完全同意，2002年年底，年仅16岁的王临便自作主张跑到城里买回了一套崭新的棉被加工设备，放到了临近的另一个镇上，父子俩分别在两个镇同时做上了棉被生意，而且还请了帮工。

2003年冬季来临之前，17岁的王临又购进了三套全新的棉被加工设备，除了把舅舅当初送的设备更换了以外，把另外两套设备也放到了附近的镇上，再找来几个亲戚帮忙，加上已完全学会并能独立操作的两个帮手，王临的四家棉花店同时在临近的几个镇营业了。

就这样经过了几年的稳定发展，到2007年，王临在当地已小有名气，也有好几十万存款了,他觉得进城发展的时机差不多了,于是着手进城租用场地并四处打听加工棉被的新型设备。就在这段时间,他找到了最新型的设备并一口气购置了4套当时价值近20万的新型棉被加工设备,此时他不仅要加工棉被,而且还要推出自己的棉被品牌。

从无到有,完全是凭着一个想法,凭一台破旧不堪的旧设备,没有利用任何外来投入的情况下,王临从一个孩子成长为了一个颇有潜力的企业家,他的整个创业过程都是在不断积累和再投入中来完成的。我们有理由相信,凭着他的一股冲劲及滚雪球式的发展意识,他的前途将无限光明。

作为一个精明的创业者,人人都想着如何把企业迅速做大做强,但未必一定要等到具有足够的资金实力时一步到位。在资金不足的情况下,我们也可以开始创业,也完全可以采用分阶段发展和滚雪球的方式来有计划地发展,最终向自己的目标进军。滚雪球这种发展方式,大家都听到过也看到过很多典型的案例,但实际操作起来最关键的还是需要明确自己的创业目标,然后进行细化,一步一个脚印,分阶段分步骤地去实施,只有这样,才会完全达到滚动发展、做大做强的目的。

4.3.3 经营场所选择

建立企业,尤其是进行生产或者做零售生意时,需要有一个地点来经营。在选择企业的位置时,要优先考虑效益。许多创业者将自己的家庭房屋改建为企业的经营场所,或者选择比较便宜、方便的地方通过购买或租赁得到。不同性质、不同类型的企业,对其经营场所的要求不尽相同。下面简要介绍零售批发店、商店和工厂(场)选址的基本要求。

1. 店址的选择

俗话说,天时不如地利。要想开一个赚钱的店铺,店址选择至关重要。

(1) 商业活动频繁的地区 在闹市区,商业活动十分频繁,把店铺设在这样的地区其营业额就会很高。这样的店址可谓"寸土寸金",比较适合那些有鲜明个性特色的专门经营店铺发展;相反,如果在非闹市区开店,虽然租金较低,但街道冷僻,客流量很少,营业额也很难提高。在市郊地段开店时,要有针对性,要向驾驶人提供生活、休息、娱乐和维修车辆等服务。

(2) 人口密度高的地区 居民聚居、人口集中的地方是适宜设置店铺的地方。在人口比较集中的地方,人们有着大量的各种各样的商品需求,如果店铺能够选择在这样的地方,致力于满足人们的各种需要,那就会有很多生意可做。而且,由于消费群体的需求比较稳定,销售额不会大起大落,可以保证商店有稳定收入。适宜在居民区开设的店铺一般为洗衣店、维修店、杂货店、食品店、服饰店、童装店、五金店、药店、餐饮店、美容美发店、洗涤店、化妆品店和娱乐厅等。

(3) 面向客流量量多的街道 因为商店处在客流量最多的街道上,受客流量和通行速度影响最大,可使多数人就近买到所需的商品。大多数店铺都适宜在这样的地方开设。

(4) 交通便利的地区 旅客上车、下车最多的车站,或者在几个主要车站的附近(以500m左右以内为宜),尤其适合发展饮食、食品、生活用品和具有鲜明地方特色的土特产品商店。

（5）接近人们聚集的场所　如剧院、电影院、公园、风景区、体育馆等场所附近，这样的地段属于娱乐和旅游地区，顾客的消费需求主要在吃喝玩乐和休闲，故适合于饮食、食品、娱乐、生活用品等方面的店铺发展。但是，这些地段有时间性很强的特点，高峰时人潮如涌，低峰时门可罗雀。当然，如果靠近居民区和商业区，则另当别论。而在大工厂、机关附近，适宜开设办公用品、生活用品、咖啡厅、快餐店等。因为这样的地段是上班族比较集中的地方，其特点是午饭和晚饭时间为营业高峰期，周末和节假日生意较为清淡。

（6）同类商店聚集的街区　"同行密集客自来"，这是古已有之的经营之道。店铺业相对集中才会热闹，才能形成气势。商业吸引商业，人流吸引人流，生意要大家做才能造成一方繁荣的景象，比如各大都市的"食品一条街"的生意就很火爆。大量事实证明，对于那些经营耐用品的商店来说，若能集中在某一个地段或者街区，则更能招揽顾客。因为经营的种类繁多，顾客在这里可以有更多的机会进行比较和选择。在这样的地方特别适合开设家用电器、家具、时装、饰品、古董等商店。

【案例】安琪尔儿童摄影创业之初

刚从武汉大学摄影系毕业的徐忠和刘联除了自己的摄影器材几乎一无所有，但怀揣创业冲动和梦想的两个人，毫不犹豫地拿出了自己全部的家当，准备开办一家摄影门店。

当时的摄影市场可以说已经是婚纱摄影的天下，外资的、内资的、合资的，大大小小的婚纱影楼、摄影店比比皆是，如何在这样的市场氛围里杀出一条血路来是那段时间里徐忠和刘联主要考虑的问题。他们通过市场调查发现了一个奇怪的现象：中国各行业都已开始注意儿童市场了，而潜力如此巨大的儿童消费市场，在摄影行业中竟然没有得到充分体现，尤其在武汉，专业的儿童摄影店几乎没有，只是偶尔有一两家标上"儿童摄影"的店而已。

市场潜力点发现了，徐忠和刘联立刻注册了一家以"摄影、服务"为经营范围的儿童摄影店。至于店名，他们不约而同地想到了"安琪儿"。紧跟着便是选择店面。

由于缺少资金，他们在店址选择上费了一番脑筋。第一家安琪儿儿童摄影店在青山区开业了，那里30多万武钢人支撑着这个并不太古老的重镇。安琪儿选择在这个区迈出第一步，虽有一点无奈，却透着一点精明。渐渐地，徐忠和刘联在选址上也逐步形成了一个原则：选择人口密度较大而且文化层次相对较高的地区，尤其是靠近繁华区和居民区，即在重要的居民区与繁华的中心区之间选址。这样，房租不贵，人流量大，最关键的是，与他们的小顾客——儿童最为贴近！

虽然只是起步资金两三万元人民币、40多平方米的门面，但两个人将这家门面划分出了几个功能区：儿童游戏区、服务展示区、接待区和照场区。他们的理由是：这几个功能区都必不可少，儿童到了摄影店，陌生的感觉使他们不可能表现得很自然，只有设置了拥有许多玩具的游戏区，可以让孩子很快放松下来，完全展示自我个性，而展示了孩子个性的照片才是好照片。

安琪尔在选址问题上，非常注意自身的行业与目标消费群体，使投资不大的店面，在充分使用之后获得了很高的投入产出比。

2. 厂（场）址的选择

不同类型的工厂，在选址上有不同的要求。厂（场）址选择的基本原则有以下几点：

1）远离市区中心地带，多在城乡接合部建厂，距离居民区较远，避免造成城区污染。
2）交通便利，距离铁路和主要的公路干线较近。
3）水源充足，水质良好。
4）土质坚实，渗水性强，忌在涝洼地建厂。
5）电力供应充足。

3. 房屋租赁合同的签订

经营场所确定后，应到所在辖区内的登记注册机关登记注册。登记时，使用房屋属于自己的，应提交房屋产权证或能证明产权归属的有效文件；使用房屋是租用的，还应提交与房屋产权所有人签订的一年以上租期的租赁协议书或合同，以及能证明出租人拥有房屋产权的有效文件。签订租房合同时，应特别注意以下几个方面的问题：

1）房屋面积是否确实。常出现这样的情况，租房后实际测量的面积比合同上少。遇到这种情况，可以按单位面积扣款，明确记载在合同上。
2）在合同上明确注明房屋租金以外的其他一切费用由哪一方缴纳或以什么比例共同分摊。
3）明确注明房屋租赁的起止日期和款项的具体缴纳办法。
4）要在出租方的各种物品交接清单上签字。
5）注明押金。押金的意义是作为房屋租金迟缴、不缴或损害建筑及物品等情况发生时的风险费用。合约期满后，若未发生以上情况，押金应退回给承租方。
6）须说明天灾及不可抗拒的因素造成及合同终止等情况不需由承租方负责。
7）核实出租方是否为真正的房屋拥有者。

4.3.4 组织机构确立

企业在没有开业前，就必须考虑企业的组织结构问题，在创业初期，公司的组织结构越简单越好。管理制度也需要具有一定的灵活性。但是，生产与质量管理的制度要非常严格，资金的控制也要很严格，但需要有一定的灵活性，特别是面对市场开发。必须建立的制度为：人力资源管理制度、财务管理制度等。

企业法人登记注册事项主要有：名称、住所、经营场所、法定代表人、经济性质、经营范围、经营方式、注册资金、从业人数、经营期限和分支机构等。企业名称，需要进行预先核准，以有限责任公司为例，应当提交下列文件：

1）有限责任公司全体股东的全体发起人签署的公司名称预先核准申请书。
2）股东或者发起人的法人资格证明或者自然人的身份证明、职业情况证明。异地投资者还须提交经营所在地暂住证。
3）全体股东指定代表或者共同委托代理人的证明。
4）公司登记机关要求提交的其他文件。预先核准的公司名称保留期为 6 个月。企业登记程序如图 4-2 所示。

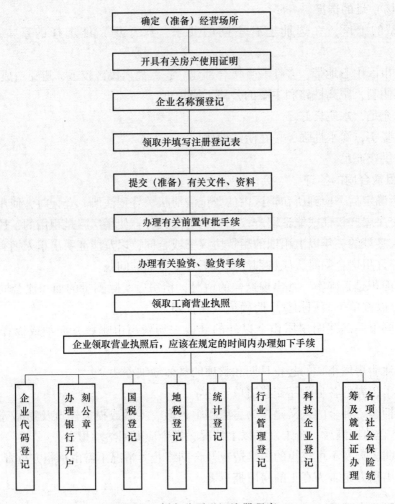

图 4-2 创办公司登记注册程序

【扩展阅读】志同道合的创业团队

在众多的创业团队中,腾讯的创业团队十分难得,堪称标本。

1998 年 11 月,马化腾、张志东、曾李青、许晨晔和陈一丹合伙成立了深圳腾讯计算机系统有限公司。为了避免彼此之间的权力竞争,他们在创业之初就约定,各人各展所长、各管一方。其中,马化腾是首席执行官(CEO),张志东是首席技术官(CTO),曾李青是首席运营官(COO),许晨晔是首席信息官(CIO),陈一丹是首席行政官(CAO)。

之所以说腾讯创业团队堪称难得,是因为经过了十多年的奋战,他们的阵容几乎没有改变。

俗话说:一山不容二虎。尤其是在企业迅速壮大的过程中,要保持创始人团队之间的稳定合作尤其不易。在成功的背后,马化腾从一开始对于合作框架的理性设计功不可没。当初企业刚开始融资时,他们五个人一共凑了 50 万元,其中马化腾出了大部分。

虽然大部分资金都由马化腾所出,他却自愿把所占的股份降到一半以下。马化腾深谙其道：要别人的总和比自己多一点点，不能形成一种垄断、独裁的局面。而同时，他自己又一定要出大部分资金，作为大股东。因为他明白一家企业如果没有一个主心骨，股份大家平分，企业迟早会出问题。

腾讯创业的五兄弟性格上各有特点。马化腾为人聪明，注重用户体验，愿意从普通用户的角度去看产品。张志东头脑非常活跃，对技术十分沉迷。马化腾在技术上也很优秀，但是他的长处是能够把很多事情简单化，而张志东的长处则是把一件事情做得完美。

许晨晔和马化腾、张志东同为深圳大学计算机系的同学，他是一个非常随和而又有主见的人，但不轻易表达自己的见解。而陈一丹是马化腾在深圳中学时的同学，后来也读深圳大学，他十分严谨，但他能在不同的状态下激发大家的激情。至于曾李青则是他们当中最好玩、最开放、最具激情和感召力的一个人。

腾讯创业五兄弟在性格上各有特点，他们在遇到困难时虽有不同的见解，但能做到优势共享和互补。根据各自的性格特征和个人特长，他们对各自的工作进行了细致的分工，无论在角色和权力结构方面都经过了一系列的调整。

后来，马化腾在接受媒体采访时回忆，他最开始也考虑过和张志东、曾李青三个人均分股份的方法，但最后还是采取了五人创业团队，根据分工占据不同的股份结构的策略。在马化腾看来，未来的潜力要和应有的股份匹配，不匹配就会出问题。如果拿大股份的合伙人不干事，干事的合伙人股份却少，矛盾就容易产生。

腾讯的创业团队是一个十分高效的团队，经过了近二十年的发展，当年创业团队的几个人都获得了可喜的成就。

第 5 章 创业透析

创业是一个人发现了一个商机并加以实际行动转化为具体的社会形态，获得利益，实现价值的过程。创业同时也是一项冒险活动。本章从创业风险开始讲起，全面讲解创业风险和创业机会的详细内容，分析创业初期的全部活动，帮助创业者规避风险。

> **学习要点：**
>
> [1] 了解创业风险来源。
> [2] 学会创业评估方法。
> [3] 了解创业风险规避方法。
> [4] 学会风险承担能力计算和收益计算。
> [5] 了解创业的条件。
> [6] 了解创业机会的识别。
> [7] 了解创业者的个性与创业的关系。

5.1 创业的动机、利弊与条件

5.1.1 创业的动机

【案例】创业观察

> 研究人员对我国 2003 年创业活跃程度与类型、性别及创业活动等方面的情况做了调查，根据相关报告的分析：我国参与创业活动人员的年龄集中在 25～44 岁。另外，男性和女性创业活动的年龄分布是有区别的：我国男性创业活动最多的年龄在 25～34 岁，女性则在 35～44 岁；18～24 岁的女性参与创业的人较少，而在 45～54 岁则较多，男性则较少。同时，男性创业者的受教育程度与创业活动之间没有明显的对应关系，而女性创业活动与受教育程度有关，受过良好教育的女性创业活动更为活跃。

创业有推动和拉动两个方面的动机，如图 5-1 所示。

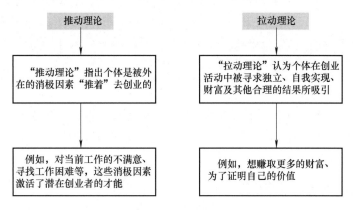

图 5-1　创业动机

创业动机是各种创业行为的前提和基础。创业者的动机类型主要包含事业成就型和生存需求型两大类。其中事业成就型包含获得成就认可、扩大圈子影响、成为成功人士、实现创业想法、控制自己人生五个维度。生存需求型包含不满薪酬收入、提供经济保障和希望不再失业三个维度。

1. 做自己愿意做的事情

> 搜狐创始人张朝阳说："重视自我，自我内心的感受重于一切，这是我创业的根本原因"。

每个人对生活和工作都有自己的理解和追求，可是就目前以及相当长的时间里，对很多人来说，在一个公司里做一般甚至高级员工，虽然有较高的薪资或比较舒适的办公环境以及较好的福利，但是必须按照公司统一的战略规划及统一的步调日复一日、年复一年地工作，无论你是否喜欢这样做或做这份工作，为了生活你不能失去这份工作，那么，你就必须服从公司的所有工作安排。有时，可能会让你非常不情愿，但是也不得不去做。

而自己创办公司基本上就可以选择自己喜爱的事业去开创，按照自己喜欢的合理方式去做自己愿意做的事情，去实现自己的人生理想与抱负，这是大多数创业者的创业理由。

2. 做自己能够做的事情

一般来说，一个人完成学业后，很多人到已有的公司从事与所学专业相符的工作。但是，有的人在择业上，由于某种原因而不能够从事自己所能够做的工作，或者说，公司分配给自己的工作，自己即便是非常努力也做不好，但是，公司又没有或不给提供自己能够做的工作，这时，会有很多人在无可忍受的情况下，走上了自己创业的道路，去从事自己能够做的事情。

【案例】做自己更愿意做的事

> 王聪在高考时按照班主任和父母的意见报考了大学化学专业，入学后，发现自己并不喜欢这个专业，逐渐对化学失去了兴趣，而对人文社会、经济与管理的知识非常感兴趣，有时间便去其他系听课、学习。毕业后，他分到了一个化学研究所从事化

研究工作。由于没有太大的兴趣，工作令人十分不满意。后来，他到了另一个部门，负责开拓市场的工作，热情非常高，业绩也很突出。再后来，他竟然辞职，去创办自己的公司。他曾说："创办公司就是去做自己能够做的事，做自己愿意做的事。"他认为自己不适合化学研究，比较适合做商务工作。

3. 发现了一个好机会

无论是有意的还是无意的，在学习或工作中，当发现了自己认为很好的市场机会时，一般来说，都会非常兴奋，为自己的伟大、聪明、远见卓识而兴奋不已。这时，就可能会产生创业的冲动而走向创业。

【案例】长虹抓住机会一跃而起

长虹虽然身处偏远的四川绵阳，但在1980年率先转型，与日本松下合作，成为国内首批引进生产线批量投产彩电的企业。在彩电炙手可热的1988年，长虹研制出了第一台立式遥控机型，并组织了200多名销售员"上山下乡找市场"，一番拳打脚踢之后，长虹成为全国首批45家国家一级企业之一，而且是西部唯一的一家。

通过20多年的努力，长虹从一家名不见经传的企业一跃成为全球最大的彩电研发和制造商、全球最大的投影电视研发和制造商、亚洲最大的电子元器件研发和制造基地、中国最大的数字电视机顶盒产品和技术供应商、中国最大的电源系统研发和生产基地、中国最大的环保电池生产基地之一、西南最大的数字变频空调基地和中国数字视听产品主要制造商。

这样的例子在古今中外是非常多的。一些高科技企业的创业，常常是在这样的情况下起步的。认定的机会，也许是好的市场机会，也许是好的技术机会。好的创意最好是来自市场与技术的结合。

4. 为了改变家庭与个人的经济状况

这也是创业者中比较常见的创业理由。由于原工作单位的薪资不是很高，难以维持家庭的生活开销或提高家庭生活的质量，他们经过分析后发现，要想改变命运或现实的生活，必须走自己创业之路，让自己的能力尽情地得以发挥，并获取最大的经济回报。大多数出身贫寒、收入微薄的创业者，其最初的创业原因就是要改变自己的生活境地，改变经济状况。

5. 失业或下岗

由于经济结构调整，尤其是在我国加入世界贸易组织后，短期内失业或下岗的人数较多，人们要生存，生活质量要提高，怎么办？创业。失业或下岗是创业的常见原因之一。失业的原因尽管很多，但对于失业者来说，需要考虑新的就业。在面对就业压力和生活压力的情况下，很多人可能会痛下决心，开始自己的创业之路。

【案例】"国民女神"老干妈

老干妈创始人叫陶华碧，贵州人。1989年，陶华碧为了家庭生计盖了一个简陋的"实惠饭店"，专卖凉粉和冷面。在别人只会往凉粉里加点胡椒、酱油和小葱的时代，陶华碧独创了专门拌凉粉的麻辣酱，后来直接来买麻辣酱的竟然多过买凉粉的。

1994 年，贵阳修建环城公路，途经"实惠饭店"的货车司机日渐增多。陶华碧开始向司机免费赠送自家制作的豆豉辣酱、香辣菜等小吃和调味品，这些赠品大受欢迎。

1996 年 7 月，陶华碧租了当地村委会的两间房子，招了 40 名工人，开始生产"老干妈麻辣酱"。"老干妈"这个名字是常在她摊上吃凉粉的学生取的。陶华碧经常给没钱的学生免单，大家觉得她心肠好，亲的就像自己的干妈似的，没想到她现在成了"国民干妈"。

凌晨 3 点，从贵阳龙洞堡机场出来，道路两旁的大部分树木和楼房都还湮没在黑夜中。唯一还亮着的，是一栋高楼顶上"老干妈"三个红色的霓虹灯字，它背后，是一排灯火通明的厂房。每天这里都会生产出大约 130 万瓶辣椒酱，由等候在厂区的卡车拉走进入销售渠道，然后迅速被发往中国各地的大小超市，以及 30 多个国家和地区。

从 30 年前的小摊到至今的全国著名企业，"老干妈"撰写了一个非凡的商界传奇故事。

6. 才能不能得到充分发挥

我们许多人内心深处都有一种非常强烈的需要，要做自己的事情，要在学习中不断提高，这些人在经营自己公司时成功的可能性会非常大，这些人喜欢以自己的眼光去看待事物，渴望自由地控制自己的命运。

【案例】海阔凭鱼跃，天高任鸟飞

1982 年春，某中医学院毕业的蒋伟，就职于某中医研究所。在 1986 年研究所实施科研承包时，蒋伟挑起了研究室主任的担子，在一无资金、二无设备的条件下，蒋伟领导大家开发了一批"短、平、快"的项目，并很快就打开了市场，取得了非常好的效果。初显才华的蒋伟开始受到人们的重视。但是，蒋伟切身感受到研究所的层层机构、道道批文，束缚了自己的手脚，他想要干一番自己的事业。于是，1986 年 10 月，当时已经担任了研究所副所长的蒋伟辞去公职，开始了自己的创业之路。蒋伟说："我下海，一不是生活所迫，二不是职业所迫，但一个青年知识分子，应该寻找一个更适合自己、适合社会、更大程度实现自我价值的一条道路。每个人都应该去寻找能利用自己的才能去创造更大价值的机会。"

5.1.2 创业的利弊

对于许多创业者而言，比财富更重要的是自己做主的自由。通过创业可以使自己更加独立，可以规划自己的企业，而不是小心翼翼地向领导提出合理化建议，以自己所希望的方式经营自己的企业；做自己喜欢做的事情，感觉到自己的伟大或人格魅力。

但是，任何事物都存在正反两个方面，创业也是一样，也存在不利的方面。创业需要承担一定的风险。如果创业失败，将失去很多，包括物质和精神两个方面。也就是说，创业失败不但在经济上要承受很大损失，还要在精神上承受一定的压力。总之，创业者需要对创业失败负全面的责任。

虽然承担责任是一件令人很兴奋的事情，但实际上有时也是很痛苦的，持续的压力与长时间的工作是很多创业者生活的重要组成部分，这将很大地影响到社会交往及家庭关系，当然也包括自己的健康。

大量的事例表明，创业者在创业最初的一两年内，其收入水平明显降低，第三年开始，才提高到可以维持生活的程度，平常为了生计操劳，忙碌不断。我们都知道，上班族每周休息两天，假日可以全家一起娱乐，这种优雅、闲适的生活是独立经营者享受不到的。而经营事业者，起初经济方面虽然不宽裕，但是，在精神方面却有独特的体会。早晨醒来，愉快地迎接忙碌的一天，辛苦工作以后，精疲力竭地倒头就睡，安安稳稳一觉到天亮，内心会感到满足，这是上班族无法体验的。

能按照自己的意志生活是至高的享受，尽管物质环境较差，但精神生活却很充实。因此，"追求生活意义"已成为创业者的动机之一。

自主创业要有长远的规划，一步步向既定的目标前进。尽管许多人选择创业的动机多为赚钱与自由，但绝不能用它来指导创业的决策，不然的话完全可能得到相反的结果，也会使你不知所从。

5.1.3 创业的条件

1. 事业心

事业心是指个人的毅力、干劲及责任感等。创业人士都会全身心地投入到事业中，他们都不认为每周工作 70～80 个小时是件苦差事。创业不同于打工，缺乏进取心，凡事墨守成规，或遇上少许挫折就伤心失意，或轻易放弃，这是创业的大忌。

2. 交际能力

交际能力是指与他人合作、结交朋友、联络客户的能力，一个社交能力很强的人，每每能在创业的困境中，得到来自四面八方的亲朋好友的支持和帮助。在家靠父母，出外靠朋友。在社会上结识很多朋友，是很有好处的。

心地善良、善得人心的人固然有其可爱之处，但社会上存在着虚伪狡诈、心术不正的人，过于诚实的创业者很容易被这类人欺骗。在商场上立足，要时刻保持清醒和警惕。

3. 表达能力

如果创业者具有极强的表达技巧和理解能力，在接待客户时，就会有较大的成功机会。良好的表达能力是创业成功的一个基本条件。

4. 思考能力

思考能力是指创造性的意念和构思，以及分析、批判的能力，例如："这一行业是否有盈利空间？这一间店铺是否可实现盈利？"就要靠创业人士自行分析和进行思辨。教育家是教导人去思考，野心家是要取代人去思考。你的脑袋是属于你自己的，没有人能替你思考。没有细心考虑的创业和投资，多数是败北而归的，而资金也就会付诸流水。

5. 家人和朋友的支持与谅解

假如创业者得不到家人和朋友的支持与谅解，家人整天在耳边不停唠叨、喋喋不休，一个再有雄心大志的创业者,也很难集中精力去工作。创业者需要有清静的环境,只有这样才会有精神和心情去投入事业。

一个成功的男人,背后要有一个理解、支持的女人。同理,一个有事业的女人,背后也应有一个体贴的男人。也就是说,创业者每每能够获致成功,与家人和朋友的支持和理解有很大的关系。

6. 必需的创业资金

一笔充裕的营运资金和创业经费也是创业的必需条件。

7. 技术知识

创业者当初曾有过类似经营和管理的经验,或者做过相关的调查和研究,对所选择的行业,就会有多一点的认识,企业的生存潜力就会较大。除非你有信心去开创一个新兴的行业,否则就应该按自己的才能和专长,选取合适的行业施行创业大计。

不管做任何事情,要取得最后的成功都要具备一定的条件。但是,我们绝不能忽略事情的另一个方面,即参与者的主观能动性与客观的积极努力,事实上,后者才是决定成败的主要因素。所以,即便现在仍有一些条件不太成熟,但你仍然要大刀阔斧地前行,绝不可犹豫,以免贻误良机。

5.2 创业机会识别

5.2.1 创业机会概述

在创业者创业过程中,识别机会并创办成功的企业是非常重要的一步。商业机会(Business Opportunity)是营造出对新产品、新服务或新业务需求的有利环境。创办企业可以有以下两种机会,如图5-2所示。

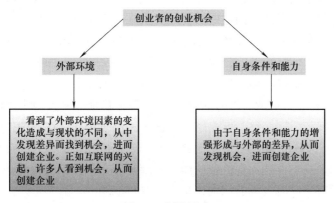

图5-2 创业机会

无论哪一种原因,都是由于市场差异形成了对新企业的有利环境。但这并不是说机会是很容易发现和识别的,它需要我们有一双识别它的眼睛。这并不意味着我们普通人就不能识别它,只是说识别它需要一定的条件、悟性和直觉,而这种悟性仍是可以训练和养成的。

良好的商业机会应有以下特征:

(1)有吸引力 这是指一个业务可以创造较大的价值,并获得回报。

（2）持久性　商业机会不是指一次性的或短暂的回报，它是一种可长期获得的回报。

（3）及时性　机会是较快可以见效的。过于遥远的机会很难创造商业价值。

（4）机会依附于产品/服务之中　商业机会一定要从顾客出发，在顾客和产品之间常会有差异产生，而差异中往往就存在商业机会。

【案例】我国民企生命周期

> 《中国民营企业发展报告》蓝皮书曾对当前民营企业发展的现状做了详尽描述：
>
> 我国民营企业的发展起步于20世纪80年代中期，脱胎于个体经济，少量的货币积累引发了创业者的财富梦想。参与创业的男性年龄集中在17~34岁，比全球的25~44岁提前了一个年龄段，女性创业的年龄集中在24~44岁。
>
> 根据中华全国工商业联合会对上规模民营企业的调研结果，从三次产业划分的角度看，上规模的民营企业主要集中在第二产业（79%）和第三产业（20%）。在第二产业中，民营企业主要集中在制造业（74%）和建筑业（3%）；在第三产业中，主要集中在商业、餐饮业、综合类和房地产业。
>
> 据统计，全国每年新生15万家民营企业，同时每年死亡10万多家，有60%的民企在5年内破产，有85%的在10年内死亡，其平均寿命只有2.9年。
>
> 根据抽样调查显示，我国民营企业自我融资比例达90.5%，银行贷款仅为4.0%，非金融机构为2.6%，其他渠道为2.9%，这意味着民营企业的发展基本上是靠自有资金滚动发展起来的。
>
> 该蓝皮书预测，在我国宏观经济环境不断改善的前提下，未来5~10年，民营经济将会保持年均10%以上的增长速度。无论是有资源创业的创业者还是白手起家的创业者，都必须面对这"一半是海水，一半是火焰"的创业现实。

大量的事实证明，很多处于创业期的公司在实际运作中，空有创业的激情却无法把握创业管理的精髓，以致搞不清楚为什么别人的公司能盈利而自己却不能，为什么别人的公司能延续而自己却不能，为什么别人的公司在同样的困境中总能突围而自己却不能。一个重要的原因就是对创业机会的把握不够。机会对于创业的重要性在于：

1）创业机会识别是创业成功的基石和方向。整个创业过程是通过创业机会来展开的，没有创业机会的发现和识别，整个创业就无从展开，没有把握创业机会的创业，失败是不可避免的。所以创业企业一定要先对市场机会进行调查、研究，从征兆中进行把握和识别，有机会才去创业，如果根本没有发现机会，而只是随潮流去创业，或者只是听别人说哪个业务能赚钱就去做，没有自己对机会的识别，是很难获得成功的。

2）创业机会识别可以大大降低创业成本。创业成功者往往是在创业之前进行机会识别的，他可以根据对机会的认知进行深入的调查研究和策略规划，有了深入的研究之后就可以防范创业之初常犯的错误，这样可以大大降低创业成本，提高成功率。

3）创业机会识别是成功大小的决定因素。你对机会是如何识别和把握的，你的成功就会是什么样的。如果你认为这是一个大的机会，但最后它只是一个极小的市场，那你就只可能在这个极小的市场上取得成功，而这个小市场则很有可能由于存在激烈的竞争使创业遭受失败。所以机会识别会影响创业者在市场上能存活多久，能获得多大成功。

【案例】被套牢的大学生创业者

> 23岁的王飞大学刚毕业，他看好创业杂粮窝头市场。在家人资助下，他投资近20万元，在郑州市北郊建了一家食品厂，专门生产、销售杂粮窝头。王飞曾满怀信心："我要向三全、思念一样做品牌！将来在北方百万人口以上的城市包括北京在内都要建分厂……"带着这样的憧憬，王飞注册商标、改造厂房、做宣传、雇员工，颇有一番气势。
>
> 但是，由于既没有经验、又没有人脉，加上给销售商的返点不高，王飞的杂粮窝头每天只能卖掉300袋左右，而维持工厂运转的基本销售数量就得1000袋。
>
> 无独有偶，另外一位创业大学生徐志军也遇到了问题，他的遭遇更令人同情。
>
> 8月底，正在寻找项目的徐志军看到了一则转让启事，一对中年夫妇经营的水站要转让，看到经营水站似乎有钱可赚，冲动的徐志军把母亲辛苦积攒的2万元钱交给了那对中年夫妇，此后，他们再也不见踪影了。"没有想到他们是骗我的，现在只剩了满屋的空桶，根本没有人要水。"这种事情屡见不鲜，涉世未深的大学生创业者，刚刚迈出事业的第一步就遇上了一道道"坎"。

机会识别中需要创业者的判断力，因为有些机会可能是转瞬即逝的，有一些则是一开始是很难识别的，但可能代表了一个长远的发展趋势。如上文中的两个创业者，都有了明确的创业机会，但是可以看到这两个创业者，都出现被机会套牢的情况，进退不得。他们所出售的商品属于低价产品，像这样创业没有足够储备资金的小企业，首先要解决的是生存下去的问题。一开始就应该采取特色主打，用高利润弥补销售量不足带来的损失。要盈利，首先要搞清楚生产的产品卖给谁。确定了消费群体后，要快速低成本地到达那个群体。当创业走到这样的阶段时，创业者需要开源节流，减少一切不必要的开支，尽可能地扩大产品销量，以图渡过难关。

【案例】食品杂货店的成功与失败

> 李爱红毕业后一直想自己做老板，看到邻居在小区里开了一个食品杂货店生意不错，颇为心动。于是，李爱红租了小区内一个库房做店面，筹集了一万多元钱做启动资金，开了一家食品杂货店。
>
> 经营了两个月后，李爱红的食品杂货店就撑不住了。为什么同样是食品杂货店，邻居可以干得红红火火，李爱红的店就经营惨淡呢？原来，李爱红为了突出自己食品杂货店的特色，没有像邻居一样进茶、米、油、盐等大众用品，而是将经营范围锁定在沙司、奶酪、芝士等一些西餐调味食品上。但是，小区里的居民对她的货品需求少，加之她店面的位置在小区边缘，而且营业时间不固定，很多邻居都不愿意去购买。
>
> 李爱红创业之初求新求异的心理很多大学生都有，这是优点但也是致命的缺点。

经营需要有自己的特色,但是经营要符合市场环境的需要。像李爱红的食品店之所经营惨淡,是因为她没有搞好市场调研,这个食品店如果在一个涉外社区内也许会经营得很好,但是她选择的是一个普通居民区。普通居民社区里的居民对茶、米、油、盐的需求远远要大于沙司、奶酪、芝士等西式调味品,再加之铺面的选址不合适,营业时间不固定,最终导致李爱红创业失败。

从以上几个例子可以看出,创业者的机会很多,如何将创业机会充分认识、开发并挖掘出商机才是重中之重。

5.2.2 创业机会类型

创业机会按不同类型分类如下:

1. 从表现上划分

创业机会在其表现上可以分为显性机会、隐性机会和突发机会,其含义如图5-3所示。

图5-3 创业按表现分类

2. 从来源上划分

通过对众多企业创业的案例分析发现,很多地方都可以是创业机会的来源,可以成为我们发现和寻找创业机会重点关注的地方。一般可以大致归为以下几个方面:顾客、企业、渠道、政府机构、研发活动与国外市场。

（1）顾客　顾客是我们最应关注的，产品能很好地满足顾客的潜在需求。他们在与顾客的接触中了解顾客对现有商品的看法，从中得到真实的信息。与顾客接触大都是采用个人的非正式的方式，也可采用较为正式的顾客座谈等形式，使顾客可以在不同场合表达他们的意见和看法。如果能从不同顾客中看到大体一致或具有相同倾向的意见，而产品可以解决这些问题，说明该产品的市场机会足够大。

（2）企业　业内人士对于其产品更为了解，所以对业内企业的跟踪可以让你事半功倍。但由于对企业跟踪的成本比较高，所以对行业较为熟悉的或有专业能力的创业者可以对市场上对手的产品、服务进行跟踪、分析和评价，由此发现市场上产品的优劣，并且有针对性地改进产品或开发新产品。这样就有可能发现较大的市场机会和开创新的市场机会。

（3）渠道　对于顾客的把握，其实分销商是最了解的，因为他们整天与顾客打交道。他们知道顾客和市场的需求，所以他们对产品的看法可能比单一顾客更为清晰和准确。所以在这方面，不仅要与顾客交流，还要与分销商交流，倾听他们的建议。他们的建议中不乏真知灼见，特别是他们对渠道营销的方法可能有很多很好的策略，这样可以使产品更好地与顾客接触。当然，与他们多交流也可以帮助创业者推广新产品。

（4）政府机构　与政府机构的交流常常被创业者忽视，其实这也是发现创业机会的重要来源。首先是与政府机构的接触可以及时了解政府政策，而政府政策不仅包括政府管制，同样也包括政府支持，这两方面都包含巨大的商业机会。其次，了解政府的工作重点，解决政府因效率低下或者成本过高而不愿意做的事情，也会得到政府的大力支持。再次，可以到政府部门研究专利文档，其中蕴含着大量新产品的创意，从中可以发现新思路的市场机会。最后，政府相关部门有很多全面的其他信息，对于我们整体把握市场也很重要。

（5）研发活动　对新技术的了解就是从其研发中获得的，主要应对业内企业目前的研发活动有所了解，当然还不局限于此，包括所有目标产品的基础研究也应重视，因为科学家所研究的项目往往与基础性研究有关，而企业则与应用有关。关注科学家们的研究和企业开发同等重要，这样你就会很好地把握新技术进入应用的节奏。如互联网对于视频技术的应用，你如果能了解视频基础技术的研究进展，再跟踪 IBM 和 ADOBE 等企业的应用开发，同时关注网上的研究小组，再看看应用网站，你就会发现未来视频技术应用的前景。

（6）国外市场　要经常关注国外市场的动向，很多产品要在发达国家市场兴起之后一段时间，才会在新兴市场中出现。所以关注国外市场出现的新动向，在适当的时机下，就有可能成为新兴市场的大机会。

3. 机会之窗理论

机会之窗理论是指产业的发展有一个生命周期，在产业刚刚产生时，人们并不了解该产业，所以在市场上规模很小或者几乎没有顾客群，而到了大家开始认识其价值时，该产业会出现暴发式的增长，这时产品和行业都进入了高速成长期。对于创业者来说，早期的进入是最难的，这个时期最大的问题就是如何生存下去，并且一方面要完善产品，另一方面要宣传产品，这时的机会非常小。而到了成长期，机会突然增大，德鲁克把它比喻为机会像打开了一扇窗户一样。所以把这个现象取名为"机会之窗"，如图5-4所示。而到了成长期结束前，会有更多的企业涌入，这时产业成长的空间越来越小，大淘汰开始了，机会之窗就自然关闭了。

根据机会之窗理论，创业者在识别机会时，需要对产业进行深入的研究，要能从产业的生命周期角度理解机会，这样才能找到进入产业的适当时机，并且在进入后要知道成长期有多长，在机会之窗关闭时免遭淘汰。

所以，如果你看到真的有一个经营机会（而不仅仅是一两种产品），是否有抓住这个机会的足够时间呢？如果有一个机会的确存在，是否能够及时抓住它取决于技术的动作和竞争对手的动向等因素。因为，一个机会通常也是一个不断移动的目标。

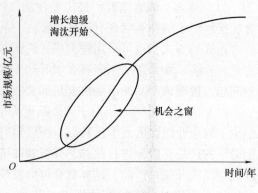

图5-4 机会之窗

市场随着时间的变化以不同的速度增长，并且随着市场的迅速扩大往往会出现越来越多的机会。但是，当市场变得更大并稳定下来时，市场条件就不那么有利了。因而，当一个市场开始变得足够大并显示出强劲的增长势头时，机会窗口就打开了；而当市场趋于成熟时，机会窗口就开始关闭了。

由于机会窗口的存在，创业时机的把握就变得非常重要。在市场体系中，机会是在一个由变化、无序、混乱、自相矛盾、滞后或者领先、知识和信息缺口以及一个产业或市场中的种种其他"缝隙"所组成的环境中产生的。因此，企业环境的变化和对这些变化的预期对企业家来说是极为重要的，一个有创造力的果断的企业家能够在别人还在研究一个机会的时候就抓住它。如果等到机会窗口接近关闭的时候再来创业，留给创业者的余地将十分有限，新创企业也就很难盈利了。

值得强调的是，机会窗口敞开的时间长短对于创业是否成功是十分重要的。一般而言，确定一个新创企业是成功还是失败需要相当长的时间，这不是在一夜之间就可以做出判断的。

5.2.3 机会识别的方法

机会识别的方法有多种，重要的思路有三个：一是识别趋势，又称为趋势观察法；二是研究问题解决方案，又称为问题发现法；三是收集与研究市场信息，又称为市场研究法。

1. 趋势观察法

趋势是从外部环境的众多因素中找到其不平衡的因素，因为这里隐藏着重要的机会。这种不平衡性是由于变化形成的，所以，首先是观察外部环境的变化，在变化中发现其机会的征兆。其次是对征兆进行分析和分类。有些征兆以后不再出现，可以判断它是一种偶然现象，但另一些征兆不时地反复出现，那么我们就可以初步判断，这有可能会成为趋势性的征兆，对于这类征兆就需要特别注意。

对于这些征兆可以发现其不平衡所造成的机会或由此可以创造出机会，因而它就成为我们观察的重点。首先我们把纷繁复杂的外部因素进行分类，分为几个方面的因素，如经济因素、政治和制度因素、社会文化因素和技术因素，这样就可以更为清晰地进行观察。

当然，发现征兆需要判断力。所以有些创业者比别人更擅长这种方式，因为他们更具有产业经验，具有良好的社会网络和创造性的警觉，更善于发现趋势的征兆并解释它们。下面我们就来分析上述各种因素，以及如何在此因素中发现其市场差异性，并从中发现机会。

(1) 经济因素　对于创业者来说，要想寻找创业机会，考察外部的经济因素非常重要。因为它影响到消费者的可支配收入水平，决定消费者的消费能力。

观察一个区域的经济因素时，我们要看创业企业目标顾客所处经济体的经济特征和发展方向。一般可以从以下几个方面来进行分析：

① 考察宏观经济处于何种阶段：萧条、停滞、复苏还是增长，以及宏观经济以怎样一种周期规律变化和发展，可以参考的指标有国民生产总值和宏观经济指标等。例如，随着人们收入水平的不断提高，现在市场上的数码产品以及金银首饰的购买热、旅游热、房地产热、证券投资热即表明了某种趋势，这就给这些行业带来了发展机会，也带来了激烈竞争。

② 区域经济中总人口数量中的收入比例。这往往决定了许多行业的市场潜力，如食品、衣着、交通工具等。例如，我国人口基数很大，伴随着经济的高速增长，揭示了巨大的市场潜力和机会，而这也恰是吸引外资投资的根本原因。

③ 经济基础设施。它在一定程度上决定着企业运营的成本与效率。基础设施条件主要指一国或一地区的运输条件、能源供应、通信设施以及各种商业基础设施（如各种金融机构、广告代理、分销渠道、营销中介组织）的可靠性及其效率。这在策划跨国跨地区的经营战略时尤为重要。

④ 经济全球一体化的影响。各国之间经济相互依赖程度越来越高，世界上相互关联的经济体出现任何不稳定，都会影响到该经济体内各行业的企业，同时还会通过国际贸易波及经济体外的企业。而互联网的加速效应将使这种传递性更加迅速，影响也更加深刻。

(2) 政治和制度因素　政治因素对于创业环境也有重大影响，在一些行业内创业需要特别注意政治带来的机会和风险。政治因素一般需要关注法律和政策，需特别注意政策的调整以及对一些产业的支持，特别是近年来，有关部门对创业有一系列政策的支持。

(3) 社会文化因素　社会文化因素是指一定时期内整个社会发展的一般状况，其与一个社会的态度和价值有关。态度和价值是构建社会的基石，它们通常是人口、经济、法律政策和技术条件形成和发展的动力。

社会文化要素主要包括社会道德风尚、人口变动趋势、文化传统、文化教育、价值观念和社会结构等，如人口变动趋势。人口是"潜在的购买者"，企业必须时刻注意人口因素的动向。目前，世界人口迅速增长，意味着消费将继续增长，世界市场潜力和机会将继续扩大。但是快速增长的人口正在大量消耗自然资源和能源，加重粮食和能源供应的负担。这些也预示了21世纪的主要挑战和商机。

文化因素包括一个社会的文化传统、生活方式以及道德习俗。它强烈地影响着人们的购买决策和企业的经营行为，影响着一个国家的经济和法律政策环境。例如，美国将14%的GDP花在医疗保健上，德国为10.4%，瑞士为10.2%。因此，如果企业能够充分了解某个国家的文化对它的社会特征的作用，那么就能提供更符合要求的产品和服务，提高顾客的满意度。

不同的国家有着不同的文化传统，因而也有着不同的亚文化群、不同的社会习俗和道德观念，从而会影响人们的消费方式和购买偏好。企业若要通过文化因素分析市场，必须了解行为准则、社会习俗、道德态度这些文化因素并对其加以分析。

(4) 技术因素　技术因素是指在目前社会技术总水平下引起革命性变化的发明，与企业生产有关的新技术、新工艺、新材料的出现、发展趋势及应用前景。它具有变化快、变化大、影响面大（超出国界）等特点。

新技术的产生能够引发社会性技术革命，创造出一批新产业，同时推动现有产业的变迁。例如，彩色胶卷、立体相机的问世，自动打字机淘汰全机械打字机，电脑打字机取代电子打字机，不危害臭氧层的R134a制冷剂代替氟利昂等无一不是技术创新的结果。近年来计算机行业中个人计算机及其软件的开发，改变了教育、娱乐和家用电子业，电子信息技术的发展和应用前景非常广阔。

一个国家经济增长速度的高低受到采用重大技术发明的数量与程度的影响，一个企业盈利状况也与其研发费用具有高度相关性。在世界汽车行业及电子通信行业中，如通用汽车公司、沃尔沃公司、梅赛德斯-奔驰公司、西门子公司以及爱立信公司等，近年来的研发费用占销售额的比例都在10%以上。随着科学技术水平的进一步加快，产品更新、产业演变的速度也越来越快，技术因素对企业的影响也将越来越重要。

2. 问题发现法

识别机会的另一种方法就是寻找问题，从问题中找到解决方法。现实中，我们会遇到许多问题，如何注意以及评论这些问题，从这些可以看出我们有没有商业意识和商业创意。所以有人说"每个问题都是一个被精巧掩饰的机会"。

大多数创业成功者成功解决的问题都是真正有价值的问题，也是创业者所亲历的具体问题。只有感同身受，才会有一种创造性地解决问题的冲动。而具有商业意识的人解决这个问题的同时会将其商业化，让更多的人享受解决方案得到的好处，同时也可以为创业者自己带来更多的利益。

有些商业创意明显是在新趋势的问题识别中搜集出来的。例如，由于互联网的发展，网络病毒开始泛滥，特别是恶意插件不知不觉就被安装，而且很难卸载，所以360公司抓住了这一趋势开发出"360安全卫士"清除恶意软件，很快打开了市场。

【案例】360安全卫士

"360安全卫士"的老板周鸿祎觉得做"安全卫士"是一切从用户出发，一不小心就进入了安全领域。这个不小心导致的结果是，360公司已经成为中国互联网第二大客户端企业，其产品"软件宝库"已经成为下载渠道门户之一，周鸿祎被认为直接搅动了下载站的"奶酪"。"保险箱"保护用户网银、网游账号的安全，继十大网游公司之后，又有十大视频网站开始与360公司合作。

"360安全浏览器"以安全为主打，已成为国内浏览器市场上用户量第二大的产品。"360免费杀毒"云安全产品，服务器与客户端双结合，很适合互联网时代，3个月用户量迅速增长，由此推动了行业重新洗牌。

在互联网行业摸爬滚打多年的周鸿祎的"一不小心"，在外界看来似乎有着缜密的过程：先从处理流氓软件开始，一举占据了网民电脑的客户端，并博得好评；然后再根据互联网时代对安全的最大需要，顺势推出木马查杀，同时和急切进入中国市场的"卡巴斯基"合作，推出半年免费杀毒服务；到最后，推出正式的360免费杀毒软件，彻底占据了客户电脑。

这一切对于用户的代价是零，因为360公司所有的产品都是免费的。他先动了互联网安全行业的"奶酪"，长久以来，杀毒软件维持着共同逻辑：用户要拿出真金白银来购买杀毒升级服务。就好像微软的windows操作系统开始受到Android冲击一样，360公司带来了全新模式——免费。

在周鸿祎的逻辑里，互联网的游戏规则和软件业不一样："只要是人人都需要用的互联网服务，就应该是免费的。只有少数人需要的，就可以收费。有一定数量的用户群之后，就可以推出增值服务了。我们不会在软件里搭载广告，广告不是我们的方向。"

3. 市场研究法

创业者必须要做市场研究。市场研究的含义是比较广泛的，它包括市场信息的收集，定价策略的考虑，最合适的分销渠道的考虑，以及最有效的促销策略的设想等。

5.2.4 机会发现者的个性特征

如何判断出机会，识别者必须具有几个前提条件。布鲁斯·巴林格总结了多人研究的结果，认为以下几个特征在机会识别中具有重要作用：

1. 先前经验

能敏锐地识别出机会的人往往具有行业的经验，而新手往往无法判断是否有机会。当然，一个新手如果想在一个行业取得成功，往往需要经历的前期失败的过程更长，或者说有更长的蛰伏期，这个时期其实就是积累行业经验的时期。新手变为熟手就是在创业的过程进行学习从而得到提高的过程。

【案例】家政创业

1999年，泸州市小蜜蜂家政服务中心成立，经过几年的发展，这家公司已成为拥有41家全国连锁店、从业人员4000多名的家政服务连锁企业——小蜜蜂家政服务有限公司。

这家公司的创办人叫杨东平，他生于1980年。这个农村小伙子没有上过大学，在18岁那年，他从四川省泸县建筑职业高级中学毕业，经人介绍到宜宾五粮液酒厂的一个建筑工地做施工员。

在建筑工地工作时，每当工程完工后，他总要临时请些人来清洗外墙和清理建筑垃圾，但临时请来的那些人往往做不好，他们只是拿扫帚、拖把随便打扫，结果不能让人满意。做事认真又喜欢琢磨的杨东平发现，不仅是工地需要这样的清洁工作，一些单位和家庭也需要这样的工作。他觉得这个市场其实很大，如果好好地做，一定可以做好，并可以赚到钱。

于是，杨东平辞去了建筑工地上的工作并创办了泸州市小蜜蜂家政服务中心。公司成立后，三个月没有一单生意。当时在泸州市，家政服务还是一个新鲜词，但是杨东平还是坚信，在人们工作越来越忙、收入不断增加的条件下，把清洁工作交给别人来完成是完全有可能的。于是他与商场联手，买家电送一次免费清洁服务，他的高质量清洁得到了人们的认可，越来越多的客户与他签订了长期合作的合同。小蜜蜂就这样站稳了脚跟并不断发展壮大。

还有一种情况，就是在某个行业工作，个人可能识别出未被满足的小市场。比如小蜜蜂家政的创业者正是在处理工程垃圾的过程中发现了清洁市场，因而开始创业做小蜜蜂家政的。在某个产业中工作，个人也可能建立产业内的社会联系网络，它能提供引发机会的见解。

2. 认知因素

同样在行业内工作的人们，为什么有的人善于发现新的机会而产生新的创意，而另一些人不会？有一些研究者认为，这是创业者的"第六感"，他们能看到别人错过的机会，或者是别人并不认为存在的机会，一般也把它叫作创业警觉。创业警觉的一般性定义是不必周密调查便可觉察事物的能力。

很多创业者自己也认为他们比别人更"警觉"，特别是在他们所熟悉的领域，这种警觉性会比较高。由此可见，创业警觉具有先天经验的基础，加上更多的商业意识，这就形成了创业者在潜意识中会将一个新的事物与商业相联系，从而形成的一种判断力。

3. 社会网络

创业者的第三个条件是个人的社会网络，社会网络决定了创业者对机会的判断力。有更多社会联系的创业者比那些没有或较少社会联系的创业者更具有判断力，对机会的判断和识别也会更强，这就是所谓的见多识广。

由社会网络构成的社会联系不仅对机会的识别有重要影响，也对创业决策产生影响。这种重要性可分为强关系与弱关系。不同的关系影响不同。强关系是频繁的深度相互作用，形成于经常联系的同事、朋友和配偶之间。弱关系是不频繁的相互作用。

4. 创造性

创造性是产生新奇的有用创意的过程。从某种程度上讲，机会识别是一个创造过程。例如，国外学者将机会识别描述为包含反复创造性思维的过程。对个人来说，创造过程可分为五个阶段。

① 准备：准备是指创业者带入机会识别过程中的背景、经验和知识。研究表明，50%～90%的初创企业创意来自于个人的先前工作经验。

② 孵化：孵化是个人仔细考虑创意或思考问题的阶段，也是对事情进行深思熟虑的时期。有时，孵化是有意识的行为；有时，它是无意识的行为并出现在人们从事其他活动的时候。

③ 洞察：洞察是识别闪现，此时问题的解决办法被发现或创意得以产生。有时，它被称为"灵感"体验。在商务环境中，这是创业者识别出机会的时刻。有时候，这种经验推动过程向前发展；有时候，它促使个人返回到准备阶段。

④ 评价：评价是创造过程中仔细审查创意并分析其可行性的阶段。许多创业者错误地跳过这个阶段，他们在确定创意可行之前就去设法实现它，最终很有可能导致失败。

⑤ 阐述：阐述是创意变为最终形式的过程。创意的详细情节已构思出来，并且变为有

价值的东西，诸如新产品、新服务或新的商业概念。在创业活动中，这正是撰写商业计划书的时候。

如果在某个阶段，某个人停顿下来或没有足够信息使认识继续下去，他的最佳选择就是返回到准备阶段，以便在继续前进之前获得更多知识和经验。

5.3 知识经济体下的创业机会

5.3.1 知识经济的概念

"知识经济"通常解释为以知识为基础的经济，是相对于传统经济（以物质为基础的经济）而言的经济，如图5-5所示。

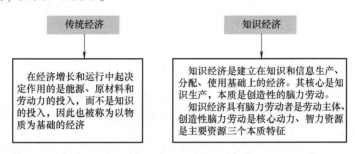

图5-5 传统经济和知识经济的概念

传统经济主要是工业经济和农业经济，虽然也离不开知识，但总的来说，在经济增长和运行中起决定作用的是能源、原材料和劳动力的投入，而不是知识的投入。

知识经济是人类知识，尤其是科学技术方面的知识，积累到一定程度，以及知识在经济发展中的作用增加到一定阶段的历史产物。知识的生产方式和传播方式发生了根本性变革，由此才产生了知识经济。

知识经济与信息经济有着密切的联系。知识经济的基础是信息技术的广泛应用。知识经济的关键是知识生产率，即创新能力。只有信息充分共享，并与人的认知能力——智能相结合，才能高效率地生产新的知识。

信息技术为知识生产提供了新的物质环境。在信息技术发达的环境下，人脑资源配置效率出现了前所未有的提升，知识的产生方式出现了跨时间、跨地域、跨行业的变化。同时，信息技术也为知识传播创造了条件，使知识更加容易普及和传递，人类获得了快速的进步。分享知识、创造进步加快了经济结构转型，并使创造知识的人群成为经济的重心，同时，也使由某一知识形成的生产方式造成的垄断瓦解以及垄断利益的快速消散，进而导致了人们需要更多地创造新的知识。在这种趋势下，拥有知识并不重要，重要的是拥有知识转化能力和知识的生产能力。

总之，人类积累的知识与信息革命——数字化、网络化、信息化的结合，促使其高效率地生产和传播新的知识，为创业提供了新的物质技术基础。信息经济与知识经济两个潮流的合并，正在全面地改变着社会的生存方式。知识经济的"知识"，是一个已经拓展的概念。它包括如下几个方面，如图5-6所示。

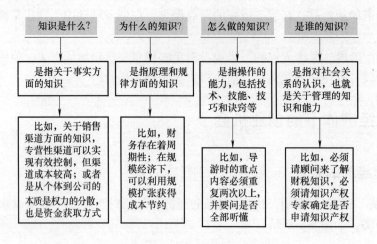

图 5-6　知识经济的内容

【案例】知识付费，悄然兴起

信息技术革命后，知识从海量的信息中被抽离，摇身一变从免费共享的资源成了待价而沽的商品。

近年来，随着"分答""知乎 live""喜马拉雅 FM"等专业平台的"精耕细作"和微博、微信等打赏渠道的开通，知识付费领域悄然成为一方沃土。比如在知乎网站上，可以在页面上找到"知乎 live"模块，进入之后，"创造力如何养成？""如何学习语言？"等相关原创课程琳琅满目，点击赞助并参与相关活动，即可购买相关知识。

事实上，即便没有使用过这样的平台，不少用户也为知识掏过腰包，据《知识付费经济报告》数据显示，有 55.3% 的网友有过知识付费行为。在有过知识付费行为的人中，订阅付费资讯/付费下载资料的人占到 50.3%；对于已经有过知识付费体验的消费者，有 38% 表示满意，还会继续尝试。

同样，付费知识的发行方也颇为高兴，比如某听书 APP，在试行某方"付费精品"获得成功以后，开发出更多的付费项目。据不完全统计，目前该听书 APP 总用户 529 万人，日活动人数达 42 万，订阅总份数 130 万，APP 平均总营收达到 2.45 亿元。

这些数据非常庞大，这就是在知识经济时代下的社会机遇，可遇也可求，只要你有着别人没有的"知识"。

5.3.2　知识经济的特征

知识经济有着如下几个典型的特征：

1. 资源利用的智能化

从资源配置角度来看，人类社会经济的发展可以分为劳动力资源经济、自然资源经济、智力资源经济。知识经济是以人才和知识等智力资源为资源配置第一要素的经济，可以节约并更合理地利用已开发的现有自然资源。

第5章 创业透析

【案例】 中国硅谷——中关村

> 1980年的冬天,在中国科学院的一个仓库门口,46岁的陈春先站在寒风中,与前来的骑着自行车的人一个个热情地打着招呼,相约的人共有14个,每个人都相貌文弱,语调温和。他们都是中科院物理所、电子所和力学所的研究人员,是我国的高级知识分子。这些人都是被他热情地发动起来的,他们要在中关村的一个仓库里,办起我国第一个民营高科技企业——北京等离子体学会先进技术发展服务部。从此,这家民营企业撬起了中国高科技产业在中关村乃至全国掀起一场智慧风暴。
>
> 陈春先早年曾留学苏联。当时,他所研究的学科是十分前沿的核聚变,他在我国第一个建立了托卡马可装置,并在合肥创建了核聚变基地。1978年,他成为中国科学院评聘的第一批10名教授级研究员之一。在1978年改革开放之后的头两年里,他曾经三次访问美国。在去了美国硅谷和波士顿128号公路以后,报国心切的他深感中国也应该有自己的硅谷,让中国科学院多年沉睡在实验室里的科研成果转化为有价值的商品。回国后,他多次在各种场合呼吁此事。在他的方案中,甚至已经确定了"中国硅谷"的具体地点——北京中关村。
>
> 中关村今天被人们称为"中国硅谷",而昔日,只是北京城北面的一个小村庄的名字。1953年,中国科学院院部和其他一大批国家科研院所迁址于此,一大批大专院校也来海淀安营扎寨,从此,中关村成为科教文化人才的积聚地。在陈春先的眼中,"这里的人才密度绝不比旧金山和波士顿地区低,素质也并不差,总觉得有很大的潜力没有挖出来"。
>
> 陈春先从美国第三次考察回来以后,决定在此创建"中国硅谷",使之成为"技术扩散地"。建"技术扩散地",从哪儿做起?陈春先感到说一千不如做一件,就先从我做起。于是,从1980年的冬天到1983年春天,他与海淀区4个集体所有制的小厂建立了技术协作,创建了海淀区技术实验厂和3个技术服务机构。他的目标就是把"束之高阁"和锁在"保险柜"里的技术扩散到企业中去,实现科研与企业的实践相结合,使科研在企业变成实实在在的成果。
>
> 看到了陈春先在中关村点燃的星星之火,于是,科海新技术公司、京海计算机技术开发公司、四通公司、信通公司、中科院计算机所新技术公司(联想集团的前身)等在1983年、1984年两年里都如雨后春笋般地相继诞生了,中关村迅速变成为"北京电子一条街"。

如今的中关村已经成为中国高科技技术和产品的集散地,它是最先进的电子科技及人才技术的风向标,借助于这个平台,诞生了许多全国知名的高科技企业。

2. 资产投入无形化

知识经济是以知识、信息等智力成果为基础构成的无形资产投入为主的经济,无形资产成为发展经济的主要资本,企业资产中无形资产所占的比例超过50%。无形资产的主要组成部分是知识产权。

【案例】从"小太阳"到"爱国者"

爱国者创办者冯军最开始时从事电脑键盘、机箱等产品的推销工作，但由于需要创立自己产品的知名度，于是他将自己出售的产品打上了"小太阳"的标识。经过两年的努力，"小太阳"有了一定的知名度，键盘的月销量竟达到3万多个，占中国北方市场70%的份额。接着，他又开始做彩色显示器的推销。在中关村，冯军是第一个把键盘、机箱和彩色显示器的品牌统一起来的人。

1996年，就在冯军"小太阳"如日中天的时候，伪冒品出来了。到了1997年，几乎在中关村的每一个电子市场到处都充满着假冒的"小太阳"。眼看着自己花了5年的时间辛苦打造的"小太阳"品牌被人疯狂地抢夺、损坏、侵蚀，冯军心如刀绞。经过深思熟虑，冯军决定放弃"小太阳"，创立一个新的品牌——"爱国者"。

"爱国者"品牌确立后，在冯军的带领下，很快在IT界站住了脚，并开始不断地创造奇迹。

因为冯军懂得：品牌要做就要做到数一数二，而要做到数一数二，就必须掌握核心技术，走自主创新之路。躺在别人的成果上当然很省事，但这很容易让人丧失斗志，自主意识和能力也会丧失殆尽。

于是，冯军和他领导的华旗资讯先后在北京、上海、深圳等地建立了两个研发中心、一个设计中心和一个研究室，抓住核心科技，如此所制作的产品才能站稳脚跟。果然，爱国者多次获得"国家重点新产品奖"。如今的"爱国者"，从U盘到"存储王"，从MP3到MP4，一直在引领数码领域的新潮流，一些产品甚至还成为知名国际品牌跟踪和模仿的对象。

"爱国者"的产业就是他们所研发的高科技，在研发过程中所需要投入的人力、物力都都不是最主要的，最为关键是科技技术，即无形化的投入。

3. 知识利用产业化

在知识经济中，知识转化的动力更强，表现为利用知识、信息、智力开发的知识产品所载有的知识财富大大超过传统的技术创造的物质财富，成为创造社会物质财富的主要形式。

【案例】"爱国者"的理想

2007年6月18日，北京奥组委宣布爱国者理想飞扬教育科技有限公司成为2008年北京奥运会语言培训服务供应商，这是奥运会有史以来第一次开辟语言培训项目服务。

2007年8月8日，北京2008年奥运会倒计时一周年。在这一天，国际奥委会主席罗格与冯军会面，冯军向罗格介绍了爱国者理想飞扬教育科技有限公司自主研发的高科技点读笔，通过轻触特殊印刷文字图片，即可以根据设定，发出多达8种不同语言的语音说明，可广泛应用于博物馆导览、奥运志愿者实用英语培训等领域。罗格饶有兴趣地试用了点读笔，称赞说："令人难以置信。"

> 现在,"爱国者"数码产品已经成为中国民族企业自主创新的一面旗帜。2002年,"爱国者"U盘销售跃居行业第一,市场占有率已经连续保持4年全国第一;2004年,"爱国者"MP3的市场占有率是韩国三星的2倍、日本索尼的10倍,成为数码领域第一个领先众多国际对手的民族品牌。

爱国者所出售的数码产品因其高科技的研发成为卖点,这就是典型的知识产业化的代表。

4. 高科技产业支柱化

高科技产业成为经济的支柱产业,传统产业与知识的结合更加直接。以新技术强化的产品形态与功能人性化的新型设计、以新技术表现的文化向传统产品与服务渗透的创意经济以及以新技术辅助的服务经济都将成为知识经济的主流。

5. 经济发展可持续化

知识经济具有消耗物质更低的特性,客观上加强了对经济发展的环境效益和生态效益的重视,因此,经济发展的可持续程度更高,更有利于人类的持续发展。

6. 世界经济全球化

高新技术的发展缩小了空间、时间的距离,为世界经济全球化创造了物质条件。世界贸易组织进一步强化了知识产权的收益性,使生产知识和出售知识更加有利,推动了知识市场的全球化,再通过与其他产品交易,推动了经济的全球化。

【案例】"用友"创造的神话

> 当年,年仅24岁的王文京从国务院机关事务管理局财务司辞职。在1988年12月6日,他到位于中关村的北京海淀区工商局办起了经营许可证,住在$9m^2$的办公室里,开始了白天出去做软件推销或者上门给用户做服务,夜里编程序的生活。
>
> 在软件设计上,学财务出身的王文京强调财务软件的实用性和操作的简捷,而不是技术。因为他认为财务软件不像系统或者支撑软件那样特别强调性能,而功能的实用性和适用性对用户来讲才是最重要的。
>
> 1990年,在王文京与合伙人的共同努力下,北京用友公司的UFO通用财务报表管理系统问世了。这个被专家誉为"中国第一表"的系统,结束了我国报表数据处理软件主要依靠国外产品的历史,为我国的软件国产化争了一口气。
>
> 在王文京的坚持和带领下,用友公司心无旁骛地只做软件,已经成为目前中国最大的财务及企业管理软件开发供应商和最大的独立软件厂商。心怀高远的王文京没有就此止步。近几年,他又找到了自己新的目标,那就是实现"软件中国造"。王文京说他一直不愿意在国外买礼品给朋友,买来的礼品往往翻过来都是"Made in China"。这对王文京的触动和刺激很大,他相信5~8年的时间里,全球软件市场一定会有"Made in China"的产品,而他自己也把这作为自己和"用友"最大的奋斗目标。
>
> 毕竟起步仅10余年的中国软件业还太弱小,王文京为中国软件业在世界谋一席之地一直在四处奔波。2002年4月,王文京以年薪500万元人民币聘请有着国际背景

> 的前宏道资讯北亚区总裁何经华出任"用友"总裁一职，这在当时国内是第一高薪待遇，也是实现"用友"迈上国际化道路的一个重要步骤。王文京在给何经华的邀请函里说："何总，让我们一块儿来写一部中国软件史。"
>
> 目前，"用友"公司上下忙乎的就是王文京写下的"用友"接下来10年的任务书——投身中国ERP普及事业。"用友"公司副总裁郑雨林这么描述自己对于王文京这个决定的感受："在用友每一天都是很激动的。因为普及ERP是为中国企业的国际化做一些我们应该做的事情，这是一种社会责任感，我们不仅把它看作一个商业，而且是一个事业。"

7. 企业发展虚拟化

在知识经济时代，企业发展主要靠关键技术、品牌和销售渠道，通过许可、转让等方式把生产委托给关联企业或合作企业，从而形成了部分企业实物资产很少，却有着极强的经济控制能力。处于虚拟经济的企业往往成为创富的榜样，也成为最具控制力的经济中心。

5.3.3 知识经济时代的创业特征

如果要在知识经济时代创业，可以总结如下特征：

1. 关键要素是知识，教育起重要作用

知识经济时代中知识在经济中的支配作用，使知识生产与传播部门变得尤为重要，教育机构不再是培养打工者的地方，而是培养知识创造者和知识商业运用者的地方。越依赖于知识生产的国家，高等院校的密度越高，高等院校的科研要求就越大；高等院校越集中，且侧重于研究型的高等院校越集中，这个国家的知识优势越明显。越是有人才培养与选拔机制和越具有知识创造与转化能力的企业，越具有价值创造能力，也就更具竞争优势。

2. 知识的判断能力与转化能力是创业者的重要能力

在知识经济时代，企业是知识的转化者，什么样的知识可以转化，转化到哪里是企业需解决的核心问题。企业家的主要工作将从组织生产和市场开拓转变为对知识的理解和知识价值的发现，创业者的重要工作也将从资源整合转变为知识价值的再发现。创业者的重要能力是知识意义的识别与判断，是知识转化的组织能力。

3. 创业投资成为重要支持环境

在以知识为主要资源的创业活动中，创业者主要依赖的资源不再是资本，而是知识，资本退居到相对次要的位置。资本与知识的结合不再是知识主动，而是资本主动；资本也不再以借贷方式进入企业，而是以股权方式进入企业。一方面，知识不能作为银行贷款的抵押依据，所以无法借助于银行金融体系融资，但创业者除了知识以外，仍然缺少资金；另一方面，创业者除掌握知识以外，还通常比较缺乏管理经验，需要管理能力与之配合，创业投资的专业管理可以提供这样的帮助。

创业投资的盈利方式是基于股权退出，当企业获得了成长，在市场上的价值有足够的增值时，创业投资可以将股权出让，并获得资本的增加。这种创业利润有别于合股制的利润分成，它是出让权利的获利，也是让企业得到成长的方式。所以，在知识经济时代，必然要求要有大量的创业投资和股权退出机制与之配合。

4. 创业管理正在专业化

传统创业活动要求创业者具有全能的素质，在知识经济时代，创业者需要借助于许多外部管理能力，来补充自己的一般管理能力的不足。同时，在企业成长的不同阶段，其管理特征和任务重点也不相同，传统创业活动假设创业者是连续转变管理方式的；在知识经济时代，创业企业存在着大量的企业成长夭折现象，这种高风险来自于管理能力的不足，解决这个问题通常由专业管理团队完成，创业者仍然保持着对知识理解和判断能力的优势，企业运作具有整合性，而非个人品质决定。

这样，在知识经济时代，创业管理便是一个专业活动，形成了一个专门的职业。

5. 网络规律深刻地影响着创业活动

网络规律不同于其他经济学规律，它最重要的特征是递增性，而非边际效益递减。这种规律使企业可能会变得十分巨大，只要其商业模型具有合理性，它就可以保持着这种扩张速度，而不需要面对边际效益递减、规模经济以及市场竞争的约束。

知识经济时代下网络外部性规律起到重要作用，一方面，互联网的出现使许多企业在理解互联网这一全新技术时有许多新角度，挖掘出它巨大的价值；另一方面，知识快速传播与共享也是知识经济时代的要求，网络成为知识经济时代创业的重要资源。

5.3.4 知识经济时代的创业模式

知识经济时代下的创业模式具有以下特征：

1. 开发知识并将知识产权化，出售知识产权或团队创业

如果创业者对某知识的应用建立了独特的工作原理，则可先申请专利，如果对某知识的表达方式有新的创意，可申请商标或外观设计专利；如果已经形成了作品，应重视已经拥有的自然的版权。这些都有可能成为创业企业的业务。

2. 寻找并开发新的知识，形成创业计划，吸收创业投资

把对知识的市场价值理解与行动方案凝聚成一些商业策划，用创业计划书表达出来，吸引创业投资与之合作，创建以知识原理为基础的创业企业。例如，中国加入世界贸易组织后出现了大量的外贸企业，国外也对中国产品有大量的需求，这需要有一个对接机制，于是阿里巴巴借助互联网，搭建了一个可以直接进行中外企业交易的平台，为B2B提供商业环境并获得盈利。

3. 深刻认识需求，将旧的知识运用于新的需求和人们没有发现的需求，结合新的技术平台进行创业

女性内衣是传统产品，但是在新的时代，这种产品的需求从衣着的功能转变为美化的功能，成为女性追求美感、提升自信的工具。梦芭莎将这样的需求与电子商务进行结合，再加上传统广告宣传，迅速成为女性内衣的重要品牌。再如，"卖鞋的亚马逊"——Zappos的首席执行官谢家华也是这样，他将大约5万双鞋子集中在网络平台上，从八个不同侧面进行拍照，为顾客提供充分的感受以后，通过网络销售收到了很好的销售效果。

【案例】青年创办家政深入人心

> 为了帮助在家行动不便的老人和残疾人，张爱华和李一天计划开展送餐和家政服务。最初，张爱华和李一天想要成立一个家政服务公司，但由于不懂市场运作，没有

经济背景，走了不少弯路。

在张爱华和李一天居住的城市，家政服务早已有先例，但却都因为只重利益，不顾质量，从而得不到市民的青睐和信任。而张爱华和李一天聘请了富有经验的生活顾问、医生、护士和社会工作者，这些人主要负责回答来自社会各方面的咨询并提供相应的服务。同时，由于公司服务热情周到，逐渐获得了市民的认可并拥有了相当数量的客户。

4. 在别人的平台上创业，以网络创业为主要形态

借助淘宝实现自己的创业梦想的人已经大有人在了；义乌小商品市场的平台也成就了许多人的创业梦想。平台有许多，只要形成了同类者集中的地方，需求一方有充分的选择空间，那就是平台，创业者加入其中，可以为别人带来选择的余地，也可以让自己容易获得创业成功。

【案例】网络贸易成就创业捷径

上海某高校大三学生周强创办了一家注册资金达100万元的公司，公司网站的名称叫作"大学城在线"。网站包括学习、求职、娱乐、电子商城等几大板块，涵盖了各种考试、学习资料的下载、复印；兼职、实习工作岗位的信息披露；笔记本电脑等电子产品的低价团购；为学生代买火车票等日常生活的各项服务。

这位年轻的CEO反复地强调自己的企业观：他的网站运行宗旨就是服务学生，所以他在提供上述服务时，除了收取少量的成本费用之外，是完全对学生免费开放的，而现在越来越多的学生开始登录到这个网站。据统计，由建站时居全球500多万位的浏览量，现在已上升至1万多位，注册会员几万人。

周强表示，目前公司是要吸引更多的学生访问网站，接受网站的服务，积攒人气。当网站有了一批稳定而又忠诚的学生客户群时，其市场潜力对广大的商家而言是极具吸引力的，那时广告的投放和资金赞助就是公司主要的盈利点。

5.4 识别创业资源

5.4.1 创业资源的种类

创业的一个前提条件就是资源。哈佛大学的霍华德·斯蒂芬森认为："创业者在企业成长的各个阶段都会努力争取用尽量少的资源来推进企业的发展，他们需要的不是拥有资源，而是要控制这些资源。"

一般认为，资源就是指对于某一主体具有支持作用的各种要素的总和，而对于创业者来说，只要是对其创业项目和创业企业的发展有所帮助的要素，都可以归入创业资源的范畴。因此，可以对创业资源下如下定义：创业资源是指对创业项目和创业企业发展具有支持作用的各种要素的总和。这当中最基本的要素是信息资源、人力资源、资金资源和社会资源等。

（1）信息资源　企业对于信息的搜集能力和对信息反应的灵敏度决定了企业能否立足于市场。这一点对于创业企业尤为重要，不管是创业之前的项目选择、商业决策，还是企业创立之后的运营管理，都需要收集关于创业项目的各种信息。信息资源主要包括市场信息、项目信息、资金信息、政府法规信息等。

（2）人力资源　人力资源包括创业者与创业团队的知识、能力、经验，也包括组织及其成员的专业智慧、判断力、视野、愿景，甚至还包括创业者的人际关系网络。对初期创业者最关键的是人力资源，因为一方面创业者需要从目前的市场看到机会，整合资源发起创业，另一方面创业者自身的价值观、信念更是整个创业过程的基石。

（3）资金资源　资金是企业的血液，没有资金，新创企业是无法正常运转的。资金资源主要包括现金、有价证券、厂房、设备、土地等。对于创业者来说，资金的来源主要是个人、家庭和朋友。一般创业者由于缺乏抵押物等多方面因素，很难从外部获取大量的资金资源。

（4）社会资源　社会资源主要是指创业者拥有的政府政策与法规、非政府组织或非营利性组织等发布的信息以及一切他人拥有却可为我所用的资源。对于创业者而言，运用社会资源尤其是企业没有拥有权的资源，在企业的初期和早期成长阶段十分重要。

5.4.2　创业资源获取的途径与影响因素

1. 创业资源获取的途径

创业资源的获取过程是指创业企业或者创业者通过各种可能的途径获得所需的关键资源和重要资源的过程。研究发现，创业者可以通过多种途径获得创业资源，新企业可以购买资源，还可以吸引资源，并能够从企业内部积累资源。研究更进一步明确，创业资源获取的途径体现为外部获得资源和内部积累资源，其中外部获得资源包括购买资源和吸引资源。

（1）购买资源　购买资源指的是创业企业依靠自身的初始资金资源从外部市场中获取资源。创业企业在创业过程中急需某些资源时，可以通过购买外部市场的资源来解决燃眉之急，如新企业为制造型企业，需要大批的熟练技工，这时创业者可以通过在外部市场用较高的价格来购买这部分人力资源，以此维持企业的成长与发展。但是，由于新创企业的资金资源较为有限，所以大部分的新创企业并不能以该种途径获得大部分资源。

（2）吸引资源　吸引资源是指创业企业从外部市场依靠非资金资源来获得资源。创业者可以通过与其他企业的非正式合作或联盟而获取自身缺乏的资源的使用权。但是，新企业面临的最大挑战可能恰恰是吸引资源，因为其他企业从未与新企业有过合作，不能准确把握新企业的诚信情况，难免有提供资源的顾虑。因此，就要求创业者通过自身的人格魅力、诚实的语言、美好的愿景、细致的商业计划书来美化企业形象，借此吸引其他企业为新企业提供资源。这种方式相对于直接购买资源能够节省大量的企业资金资源，因此创业者通常使用吸引途径来获取创业资源。

资源的内部开发过程可以看作是一种内部资源积累的过程。因为外部市场并不能购买到创业者所需要的全部资源，所以创业企业必须通过使用内部资源而不断沉淀、积累，通过长期地使用资源，企业能够不断学习，并开发优越的资源。如在某些技术人员的培养上，其他企业尚无专门研究某项高新技术的人才，创业者只能通过企业内部培养的途径来获取这种人力资源。

2. 创业资源获取的影响因素

影响创业资源获取的因素可分为内部影响因素和外部影响因素，其中内部影响因素包括战略方向、领导力、组织结构、企业文化等，外部影响因素主要指社会网络。

(1) 战略方向对创业资源获取的影响　战略方向影响着企业的资源获取，因为战略方向影响着企业对未来发展目标的一种规划，企业在将来的一段时间内将按照战略方向前行，那么根据战略的不同，企业在不同阶段所需的创业资源也是不同的，如在创业初期，企业的战略方向是生存，因此对高级人力资源的需求可能不存在，而对资金资源的需求却可能十分强烈。因此，企业对未来的不确定环境的判断影响着企业对关键资源的依赖程度以及对该资源的获取。

(2) 领导力类型对创业资源获取的影响　领导力是领导者自身素质由内及外的表现，会使下属价值观趋近于领导者本身，增强下属工作动力，在潜移默化中改进下属工作表现的能力。在创业的过程中，不同的领导风格在资源获取过程中发挥着不同的作用。领导风格一般可以分为变革型、交易型和家长式三种。这三种不同的领导风格均以自身独有的方式来获取资源。变革型领导鼓励用创新性思维思考问题，主张积极沟通，帮助员工深入了解企业内部现状，让员工能明白企业真正所需的资源类型；交易型领导会通过建立合理的激励机制，促使下属有动力和激情去获得新资源；家长式领导具有较强的集权性，会将下属已有的资源收归自己手中，推动下属使用其他创新方式去获得资源。

(3) 组织结构对创业资源获取的影响　组织结构是组织内部工作人员为达成组织目标，根据某种标准将不同人员分配到权、责、利不同的岗位上的结构体系。组织结构的不同将导致获取资源的类型和方式有所不同，如果企业的组织结构分工细致、权责清晰，那么相关组织工作人员在相关领域内收集信息资源、人力资源就较为容易。而如果部分企业的组织结构是灵活分工、高度分权的，则会促使工作人员在组织中与其他成员形成更为可信的关系，建立更为有效的沟通机制，从中为企业获得关键信息资源。

(4) 组织文化对创业资源获取的影响　组织文化是组织在发展过程中自发形成的一种共同的价值观与行为准则，组织文化能够帮助新人理解企业的使命等。对于创业初期的企业而言，创业者本身的价值观和信念构成了组织文化。不同类型的组织文化获取资源的方式与种类是不同的。组织文化大致可以分为外向开放型、内向封闭型两种。外向开放型的组织更注重从外部获得资源，如外部社会资源；内向封闭型的组织更注重内部积累资源，如积累企业发展所需的资金资源。

(5) 社会网络对创业资源获取的影响　社会网络是创业者获取创业资源的重要渠道，它能够为创业者提供有价值的有形资源和无形资源。创业企业通过利用创业者的个人社会网络以及企业间的联盟关系来获取稀缺性资源。商业社会网络能够为企业带来关键的市场资源，如与商业伙伴密切交流可使企业得到公开市场上难以获得的重要市场信息资源。也就是说，创业者与政府部门机构、商业协会等建立顺畅的沟通渠道能够增加企业商誉，从而减少获取资源的成本，提高获得资源的重要性。

5.4.3　创业资源的开发

1. 信息资源

创业者信息收集的途径与手段主要有以下几个方面：

（1）收集市场信息的直接手段　要想了解新产品与新服务在顾客中的反馈，最简单最有效的方法就是收集他们对于产品或服务的感受，从中得到有助于企业改善服务与产品的建议与意见，这种方法称为顾客调查法。当然，可以让目标群体对创新产品（服务）与现有的产品（服务）进行对比，也可以通过访谈或发放调查问卷，请目标消费群体对他们所需要的产品（服务）进行描述，从不同维度对产品进行分级等。这种调查研究通常使用一些量表让消费者评分，从中获取定量的产品（服务）信息。

（2）收集市场信息的间接手段　在收集市场信息时，有些信息并不能由创业者自身通过调查直接获得，但是创业者可以通过间接手段获得，如在互联网上查找统计年鉴、到超市咨询日营业额、到餐厅去询问顾客人均消费等间接获得想要的信息；也可以通过查看政府公开文件、行业研究报告，甚至聘请商业信息公司代为调查，从而获得关于产品（服务）或市场的信息。

（3）信息收集途径　信息收集的渠道可以是同行创业者和同行企业、专业机构、政府管理部门、新闻媒体等。在创业过程当中，创业者可能会遇到与其开展相似或相同业务的其他创业者，因此创业者之间可以相互交流，相互交换宝贵的项目信息如技术的重点与难点、产品（服务）的市场前景、如何与其他组织和个人交流沟通等。通过这样的交流，双方都节约了大量的时间与精力，从而能够快速度过创业初创期。但是，创业者彼此之间还存在竞争的关系，所以根据现实情况，同行之间的信息交流可能并不顺畅。因此，创业者需要塑造积极正面的形象，以便争取同行的信任和支持，运用差异化思想主动求新求变，尽量避免与同行直接竞争，与同行建立情感联系，主动参加同行组织的活动，积极收集公开与非公开的资料信息。当然，在信息收集的过程中，以不损害同行利益为前提，要注意规避法律问题，避免做出窃听、窃取商业机密等违法行为。

2. 资金资源的开发

创业企业面临的最重要的问题之一就是资金资源的短缺，更新设备、引进技术、开发产品、开拓市场、扩大规模、并购重组、对外投资等都需要一定规模的资金，那么创业者如何去筹集这些资金呢？创业者可行的筹资途径有自我融资、亲友融资、天使投资、政府资助和风险投资等。

（1）自我融资　自我融资，即创业者将自己的部分或全部财富投入到创业活动后，再由投资者投资该企业。因为投资者会担心存在的风险，如果企业中没有创业者的自身财物，可能会发生创业者随意挥霍公司资产而投资者却无法阻止的情况发生。而一旦创业者也将财产投入企业后，创业者就会谨慎使用企业的资金。然而，自我融资只能部分缓解新创企业的资金饥渴，并不是根本性的解决办法，尤其当创业企业从事资本密集型产业时，资金压力就更大。

（2）亲友资助　亲友资助，即亲友为创业者提供使用低息或者无息资金的机会，甚至参与投资企业的过程。亲友不像专业投资者那样要求快速稳定的回报。因此，对于新创企业来说，亲友资助通常能够帮助企业度过最为艰难的生存期，是培育企业成长的第一份养料。

（3）天使投资　天使投资，即自由投资者在他们认为项目有创意或者对创业者能力充分认可的情况下，对初创企业进行一次性的启动性投资。由于天使投资的投资额度一般比较小，因此对创业者与项目的审查并不严格，主要是投资人根据主观判断决定是否投资，因此创业者较为容易获得资助。同时，部分天使投资者是行业内的知名人士，他们对初创企业的投资可能会带来大量行业内部的联系网络,有助于提升企业在业内的认知度,对于初创企业的发展较为有利。再次,天使投资者很多本身就是企业家,他们了解创业者的难处,对创业公司能够进行一定的指导,有利于初创企业的有序发展。

(4) 政府资助　政府资助,即政府为鼓励社会形成创业氛围,为创业者提供各种形式的资金资助。如云南昆明五华区政府建立大学生创业示范园区,制定一系列政策扶持创业者,向大学生创业者提供最高 10 万元的小额贷款,免费使用办公设备、物业管理服务,免费进行创业技能培训,每月补贴 200 元的互联网通信等优惠政策。再如杭州市政府为创业者提供项目无偿资助,只要创业项目通过专家组评审后,将为创业者提供 2 万元、5 万元、8 万元、10 万元四个等级的无偿资助。此外,杭州市政府还对创业者的银行商业贷款给予 50% 贴息,最高额度为 1 万元。

【案例】各地政府对创业的资助

> 河南省政府对创业企业出口信用保险保费给予全额补贴,同时,当年新招用登记失业的高校毕业生达到企业现有在职职工总数 15% 以上的企业,可按规定申请最高不超过 200 万元的小额担保贷款并享受财政贴息。广东省中山市政府针对留学生创业者在中山创业园内创办的企业,只要通过政府项目可行性、产业化前景评审后将一次性或分期给予 20 万~100 万元不等的启动经费。

(5) 风险投资　风险投资,是由专业金融人士对创业企业经过一系列周密的考察、评估之后,对创业企业投入大笔资金,以谋求高额回报的投资形式。

3. 人力资源

创业的整个过程都需要人来推动企业运营,因此人力资源成为创业中的关键因素。在新创企业的人力资源里,有以下几种人力资源:创业发起者、核心成员、管理团队和其他人力资源。

(1) 创业发起者　创业发起者一般是创业活动的召集者和发起者,通常提出与众不同的创意,或者进行资源协调,是创业团队中的领导人物。发起者的经验、知识、技能与能力都是新创企业的无形财富,许多风险投资者正是把对创业发起者的认知作为决定是否投资企业的依据。因为风险投资者相信优秀的创业发起者具有成为企业管理者的潜质。那么,创业发起者需要具备哪些方面的能力呢?大体上研究者将优秀的创业发起者的素质归纳为:创业激情、工作经验、社会关系和专业知识。

(2) 核心成员　核心成员是指在创业初期加入团队、以创业发起者为中心、团结在其周围的团队成员。他们从各自的视角为创业发起者筹划,并且能够很好地完成自身职责范围内的工作,是创业发起者同甘共苦的好朋友。在创业初期,创业发起者需要能够清晰发掘出自己的核心伙伴,如果选择不善,将会给公司今后的发展带来障碍。

(3) 管理团队　除以上两种人力资源外,管理团队也是创业过程中的重要人力资源。随着创业公司发展到一定的阶段,管理体系逐渐健全,各项规章制度逐步完善,组织架构也日益明晰,部分创业初期的核心成员的能力与精力已经不能胜任目前的工作,此时公司就需要从外部引进一些专业管理人才。这些专业人士能够为企业带来有益的建议与革命性的管理思路。在公司董事会中，创业者应当注意聘请外部独立董事，这不仅仅是公司治理的需要，更主要是因为独立董事能够从专业角度提出公正客观的建议。

(4) 其他人力资源 此外，在创业过程中还有一些可供利用的人力资源，如管理咨询公司、银行、律师事务所、海关等机构的专业人士。以会计师为例，会计师可以给初创企业提供很多的帮助，特别是在创业企业面临上市时，他们具有丰富的实务操作经验，能轻松解决原本困扰企业管理者的问题。尤其是大学生创业者，在对公司各项业务不太熟悉的情况下，可以充分利用好"外脑"，整合各方面的资源。

4. 社会资源

创业者在创业活动中还可能使用到社会资源，从来源来看，社会资源可以分为政府部门资源、金融部门资源和中介机构资源。

(1) 政府部门资源 在创业活动中，最为重要的社会资源是政府政策法规，特别是政府为了鼓励创业颁布的一些政策、法规，因为这些政策、法规可能关乎新企业的建立和发展，它对新企业能否快速发展、能否顺利设立起到至关重要的作用。近几年来，随着党中央与国务院高度关注创业企业的发展，各级政府不断出台各类型的扶持政策，明确要求各级机关给予创业者扶持，尤其对大学毕业生创业群体提供优惠政策，同时为创业者提供税收优惠、银行商业贷款贴息等鼓励政策。因此，创业者在创业之前，应当积极收集各级政府有关鼓励创业的政策和法规，充分利用政策扶持，推动新创企业发展。

政府对于创业者的扶持力度日益增强，在全国各地培育了浓厚的创业氛围，对于推动全社会人士创业无疑起到了积极作用。随着全国创业者群体的不断壮大，创业者也会对政策产生反作用力，从而与政府一道共同创造更加宽松、和谐的创业环境。

(2) 金融部门资源 创业者在创业过程中要注重开发金融部门资源，目前在党中央和各级人民政府的引导下，越来越多的金融机构参与到扶持中小企业、创业企业中来。如安徽省政府为大学生创业者组织了小额贷款项目推介会，提供助业贷款，并推出一定的优惠政策。此外，共青团安徽省委员会与光大银行合肥分行决定联合实施"大学生创业小额贷款"项目，为有创业意向的大学生提供创业资金。中国青少年发展服务中心、教育部高校毕业生就业协会、北京市人力资源和社会保障局、共青团北京市委指导，全国青年彩虹工程实施指导办公室、北京市人力资源和社会保障局劳服中心共同建立的"放飞青春梦想，创业成就未来"援助计划，联合中国邮政储蓄银行北京分行对大学生创业提供免费的创业贷款咨询服务，并为符合创业条件的青年学生开辟创业贷款绿色通道。

在政府机构主导之外，近年来各地金融机构根据当地的实际情况纷纷创新贷款机制，为创业者提供贷款，如国家开发银行吉林省分行应对万民创业小额贷款成长型客户逐步增长的融资需求，解决县域担保机构资本金规模小等问题，推出小微企业贷款"千户成长"模式，为企业提供单笔50万~500万元的快捷融资服务。2012年8月，温州永嘉农村合作银行推出的针对大学生创业贷款的"五优一简"项目，"五优"即优先调查、优先评级、优先授信、优惠利率、优先发放贷款，对2万元以下的大学生创业贷款实行同期同档次基准利率，对信誉优良的大学生创业者在贷款额度上适当予以提高；"一简"即简化贷款手续，在评级授信的基础上，对5万元以下的大学生创业贷款，推行信用贷款或发放丰收小额贷款卡等形式，为大学生创业提供方便、快捷的服务，帮助他们以最快的速度得到贷款，使他们更快地走上创业、就业之路。

对于这些融资机会，创业者应当学会事先合理测算自身的资金需求，选择合适的金融产品。虽然各地金融机构对创业贷款的支持力度逐渐加大，但是银行作为风险回避者，仍然会对创业项目进行适当的筛选。因此，创业者面对金融机构的融资考察、答辩之前，应该完整并细致地整理出创业项目的思路、创新点、盈利前景、团队人员等项目信息，做到有问必答、答必释疑，将项目的真实信息呈现出来，不必担心金融机构的质疑，以诚信打动金融机构。

此外，创业者在创业过程中遇到项目抉择、创业理财、项目保险等方面的困难时，可以向金融机构中的专业人士求助，他们具有常年扶持与帮助企业的经验，借此避免创业者在创业过程中遭遇到金融风险。

（3）中介机构资源 由于创业者以及团队成员专业知识的局限性，在创业过程中势必需要借助外界中介机构的力量，如税务、法律、贸易等机构帮助解决相关问题。中介机构中有大量专业人士，常年从事税务、法律、贸易等事务，他们积累了大量经验，对于企业管理中的许多问题有着独到的见解，创业者通过与中介机构的专业人士进行交流与沟通，能够听取专业人士的指导性意见，并学习到解决问题的方法。同时，随着管理咨询行业在中国的迅速发展，创业者在遇到无法解决的管理难题时，可以借助第三方管理咨询机构的力量，如帮助企业构建科学管理体系，建立符合自身需要的企业制度，打造企业品牌等。

5.4.4 利用与整合资源

所有创业者最期待的条件就是能拥有所有的创业资源，但国内外创业实际情况显示，许多创业者早期所能获取与利用的资源都相当匮乏，但是优秀的创业者在创业过程中所体现出的卓越创业技能之一就是创造性地整合、转换和利用资源，尤其是那种能够创造竞争优势且带来持续竞争优势的战略资源，可以借此成功地开发出机会，进而推动创业活动向前发展。因此资源的转换、利用、整合成为创业者必须面对的严肃问题。

1. 创业资源的转换与利用

哈佛大学的霍华德·斯蒂芬森的研究为创业成功者提供独特的资源利用方法，他的研究结论认为创业者在企业发展的各个阶段都会尽可能使用最少的资源来推动企业的成长，创业者需要的不是拥有资源，而是要控制这些资源。因此创业者在每个阶段都要询问自己，怎么样才能用尽可能少的资源来获得更多的利益。随着当下创业研究的深入，研究者归纳总结出成功创业者的特质之一就是善于转换与利用资源，其主要途径有以下三点：依靠自有资源、拼凑和发挥资源的杠杆效应。

（1）依靠自有资源 大部分创业者因为受到有限资源的约束，被迫寻找独创性的方法去建立企业，并推动企业发展。创业研究者使用 bootstrapping（依靠自己努力获得成功）一词来描绘这种创业者在这个过程当中使用资源的方法，主要是指在资源受到约束的条件下，创业者对很多连续阶段投入资源并且在每个阶段投入最少资源，因此被人们称为"步步为营法"。步步为营法是指，创业者最大限度使用企业内部的自有资金，最大限度地避免外部融资，在资源有限的情况下树立企业的崇高使命和实现使命的可行路径。

步步为营法的主要策略是成本最小化，但是过分强调低成本会影响到公司形象与产品质量，最终会限制企业的快速成长。例如，有些公司为了降低生产成本，使用地沟油作为食用油的生产原料，不但导致企业被依法关停，而且也对社会造成了严重危害，这种短期暴利行为对于创业活动是不利的。因此，步步为营法中的成本最小化是有前提的，就是有企业使命。在能够实现使命的前提下，运用成本最小化的步步为营法。

依据"使命最重，成本兼顾"的指导思想，创业者在运用步步为营法时仍会有很大的可选择余地。创业者可以通过申请进驻政府创立的创业园或创业孵化器，享受那里的免费的办公室，与其他创业者一起共享办公设备，如计算机、打印机等，与此同时结识其他创业者。创业者可以使用兼职人员，可以借调员工，可以雇佣实习生。在实现创业目标的过程中，创业者能够独辟蹊径找到许多降低成本的方法。

当然在当今时代中，步步为营的自力更生策略并不一定可取，因为适当借助外部资源可能更好更快地推动企业发展，帮助企业实现跨越式发展。

（2）拼凑　绝大多数创业者都是在资源有限的约束下开始创业的。创业者在一穷二白的情况下，用身边有限的资源打破正常情况下定义、惯例、标准的约束，创造出独一无二的产品与服务。他们身边的资源可能对于普通人来说是没有价值的，但是优秀的创业者凭借自己的创意与技巧，整合其他资源，最终达成了一些原本看似不可实现的目标。我们把这种创造性利用资源的行为称为"拼凑"。

研究者认为，独创性的拼凑有三个重要因素，分别是：

① 身边有可用的资源。擅长拼凑的人一般来说身边长期存在着一些固定资源，这些资源可以是知识、技能、经验，甚至是一种想法。这些资源在别人眼中可能是毫无利用价值的，但是创业者会有意无意地收集这些资源，在恰当的时候，将这些资源转化为所需要的资源。

② 整合资源实现新的目标。拼凑的特征之一就是整合身边资源，目的是为了实现企业的新目标。当前市场情况瞬息万变，只有在这个环境中快速识别机会，调整企业的资源结构，提供当前环境下消费者需要的产品与服务，企业才能获得发展机遇。这就要求创业者需要有能力识别新机会，发现新问题，利用身边已有的资源实现目标。

③ 凑合使用。由于拼凑时往往使用身边可用的资源，因此凭借有限资源拼凑出来的产品可能存在先天性的缺陷，注定只能凑合使用。创业者需要开放创新性思维，挣脱传统理念的束缚，勇于尝试。这种方案可能不是最优方案，而是次优方案，是创业者在当前情况下的理性唯一选择。

（3）发挥资源的杠杆效应　杠杆效应是以最少的付出谋取最多的收获的法则。创业者要在创业过程中训练自己形成杠杆资源效应的能力。发现一种未被充分利用的资源，并进一步发掘这种资源能够用于哪些特殊方面，说服那些资源所有人让渡使用权，这个过程就意味着创业者没有被当前拥有的资源所限制，能够使用独创性的方式，以最小资源成本获取最大收益。

杠杆资源效应体现在以下方面：利用一种资源换取其他资源；创造性地利用别人认为无用的资源；能够比别人有更长时间占用资源；借用他人或其他公司的资源来达成创业者自身的目的；用一种富裕资源弥补一种稀缺资源，产生更高的附加值。

2. 创业资源的整合

创业者能否做到资源的真正整合，是决定企业生存还是灭亡的关键。因此，创业者在整合资源的过程中，可以参照以下资源整合的原则：

（1）尽最大可能去搜寻和圈定可以被整合的资源提供者　创业者想要整合资源，首先必须找到可以被整合的资源提供者,并将其作为目标对象。创业者可以通过两种逻辑去寻找,第一种是找到拥有大量资源的个别的潜在资源供给者,如各级政府、世界500强的大公司等;第二种是尽可能多地搜寻潜在的资源供给者。

(2) 寻找和思考与潜在资源提供者之间的共同利益　商业世界当中所有的活动都是围绕着利益进行的,所以想要整合各方资源,需要创业者仔细分析潜在资源供给者真正关注的利益所在。尽管从表面上观察,不同企业、不同机构各自的目的不同,利益诉求也不同,但是从内部分析,其实各个机构之间的利益有着紧密的联系。创业者需要做的是发掘其共同利益诉求,与各个资源供给者建立紧密的利益关系,将他们纳入创业者的利益网络中,成为利益相关者。

(3) 构建双赢的整合机制　资源通常与利益相关,创业者之所以能够从家庭成员那里获得支持,就是因为家庭成员不仅是利益相关者,更是利益整体。既然资源与利益相关,创业者在整合资源时,就一定要设计好有助于资源整合的共赢利益机制,借助共赢利益机制把潜在的和非直接的资源供给者整合起来,借力发展。

(4) 建立顺畅的沟通机制　在整合资源的过程中,与各方沟通是必不可少的。因此,创业者必须与各方建立顺畅的沟通机制,派出具有一定沟通能力的团队成员负责与各方沟通,这将成为整合资源成功与否的关键因素。有研究结论可以很直观地证明沟通的重要性,就是两个70%。

第一个70%是指调查研究得出创业者们有大约70%的时间用在与人沟通上。管理者每日的开会、谈判、协商、拜见供应商或约见合作伙伴等都是最常见的沟通形式。此外,撰写计划书和各类文字材料,其实也是一种书面沟通方式。

第二个70%是指企业中70%的问题是由于沟通机制不顺畅所造成的。例如,创业企业中常见的问题"执行力低下"的本质原因就是缺乏沟通或管理者不懂得沟通。企业之间商业交往的成功与否在很大程度上也跟创业者沟通能力的优劣有关。无论是人与人之间还是企业与企业之间的良好感情的建立,都是双方持续不断地顺畅沟通的结果。

创业企业整合资源的过程就是与企业内部和外部的资源供给者充分沟通的过程。在企业外部,创业者需要与外部的投资者、银行、各级政府机关、媒体、同行业者、消费者、供应商,通过沟通建立联系,获得信任,消除利益分歧,争取对方的扶持与帮助,取得共赢的结果;在企业内部,创业者必须通过顺畅沟通,鼓舞员工士气,争取员工团结,消除员工不满,提升企业运营效率与业绩。

5.4.5　创业资源的投入控制与开发

1. 创业资源投入控制

为了掌握机会,拥有庞大资源的组织(如政府部门、较大的非营利组织与大公司等)常常会使用大量资源,因为通过这种方式,大多能降低组织失败的概率,同时增加最后可回收的量。创业研究者却认为,成功与资源投入量的多少并不具有相关性,最重要的是,组织如何运用创意来投入、配置资源。普通创业者常常根据自身的主观意向来使用他们所拥有的有限资源,然而一个成功的创业者往往能合理、节省地配置资源。

对创业者而言,一次投入所有的资源并不合时宜,逐步投入资源的压力主要来自于环境因素:

（1）预期资源需求的短缺　由于外部环境在快速变化，预期资源需求不见得能适时到位，创业者必须适当修正自己创业时的资源预期。时代的快速进步使得使用技术预测资源需求的风险越来越大，预测消费者经济状态、通货膨胀、市场反应变得越来越困难。因此创业者逐步投入资源才有弹性，允许创业者针对环境的反馈做出适度的修正，一次性将所有资源投入是非常没有必要的冒险行为。

（2）外部控制的限制　所有公司的资源都是有限的，不能随心所欲地投入大量资源从事某一行业，而必须将环境的限制因素列入考量范围。例如 20 世纪 70 年代因为国际环境限制的缘故，造成全世界的石油短缺，企业并不能顺利地获取创业资源。

（3）社会需求　逐步投入资源使创业者能针对某项特定任务决定最适合的资源投入程度。需要多少资源才能掌握住机会？创业者必须在投入资源的恰当程度与投入时间这两个因素间做出正确的决定。创业管理所面临的许多危机，往往是因为创业者在致力于追求机会的过程中投入不恰当的资源（过多或不够）。除了投入资源数量之外，资源投入的时间点也是影响成功与否的因素，为了适应时代的快速变迁（新形态的竞争者、新市场、新技术），创业资源必须在不同的阶段分批地投入，才能更有效地运用。

2. 创业资源投入开发

创业资源投入开发是创业者在创业过程中必须掌握的理念。创业者在考虑要将何种资源作为公司核心资源、何时投入核心资源时，也必须学习如何开发利用外界的资源。因为创业者要尽量避免拥有更多的设备或是雇用更多的员工，尽可能地减少自身的创业压力。

【案例】百度公司的创业之初

> 百度公司创业之初，除了财务、出纳、行政部门外，公司全是技术人员，李彦宏和徐勇兼做销售，专职的技术人员有 5 人，其他都是来兼职的北京大学、清华大学的学生。李彦宏当时感叹道，不是不想多招几个技术人员，而是国内真正懂搜索引擎技术的人才太少，只好一边干，一边培养。
>
> 当初，李彦宏也从没考虑过要租豪华写字楼，这个山西汉子似乎从骨子里渗透了晋商那种精打细算的沉稳与冷静。他为新公司选址在北大资源楼。这个地方紧邻北大，和中关村隔四环相望，非常适合技术创业。他这套选址的技术是从硅谷学来的，硅谷很多 IT 创业公司就环绕斯坦福大学办公，老师和学生兼职起来很方便。

创业者这种开发利用外部资源的能力，在今日快速变迁的商业环境下，变得越来越有价值。创业者可以使用以下途径来开发利用外部资源。

（1）外包　VLSI 设计工程师、专利律师对于一家电子公司来说可能是很必要的资源，但并不是会经常用到的。因此，只是去使用这种资源而不是拥有它，这样可以减少公司的风险与固定成本。

（2）租赁　技术的快速发展会让拥有资源的创业者面临资源快速无用的风险，负担昂贵的替换成本，租赁的方式可降低这类风险。

（3）战略联盟　在创业初期对资源有大量需求时，可以通过与大公司进行战略联盟获取自身发展所需要的资源，使用而不拥有资源可以降低创业成本。

5.5 创业风险的剖析

5.5.1 创业风险

创业风险是指创业活动给创业者带来某些损失的可能性，属于风险的一个分支，即由于创业环境的不确定性，创业机会与企业的复杂性，创业者、创业团队与投资者的能力与实力的有限性，而导致创业活动偏离预期目标的可能性及其后果。

【案例】创业选择

> 李亦天和徐寿辉曾经同时进了一家大公司从小职员做起。但是，几年后李亦天权衡再三，选择了创业，辞去了在公司的职务。徐寿辉则认为自己不适合创业，一直踏踏实实地做一个本分的小职员。
>
> 对李亦天而言，他就面临着机会成本风险，因为如果不去创业，自己尚有一个职业可以实现温饱，现在辞去了工作，不仅失去了稳定的经济来源，而且连医疗保险、退休金、住房福利等等都没有了。
>
> 假如李亦天将来创业成功，拥有发展前景良好的企业，和徐寿辉相比，李亦天真正有了自己的事业，徐寿辉尽管工作勤奋，即使做上公司总经理，也不过是一辈子为他人打工。但如果李亦天创业失败了，几年以后不得不到一家公司去做小职员，那么相对徐寿辉而言，李亦天不仅失去了几年的福利，而且也失去了几年的工作资历，另外，年龄的原因也会使李亦天丧失一些机会。

风险是一种概率，也是一种未来的影响趋势，它在未变成实际威胁之前，并不直接对创业活动造成负面影响。创业前，要充分分析自己在该项创业过程中可能会遇到什么样的风险，哪些是可控的和不可控的，哪些是致命的和可以挽救的，并且从最坏的结果来分析自己能承担的损失限额，自己能支撑多久，出现创业瓶颈应该如何应对，一旦出现这些风险，要如何应对、规避和化解。

1. 创业风险的识别

风险识别是风险管理的基础，也是风险管理的第一步。大学生所具备的风险意识和掌握规避风险的能力将直接影响创业活动的成败。只有在正确识别出创业活动所有面临的风险的基础上，才能够主动选择适当的、有效的方法进行应对和处理。

（1）创业风险的特征

① 创业风险的客观存在性。在创业过程中，风险在很大程度上是不以人的意志为转移的，是独立于创业者或创业主体意志之外的客观现象。例如，地震、洪水、台风、瘟疫、意外事故的发生等，都是不以人的意志为转移的客观存在。创业者只能在一定的时间和空间内改变风险存在和发生的条件，采取有效的规避风险的办法，来降低风险发生的频率和损失程度，但却不可能彻底消除风险的存在。

② 创业风险的不确定性。在创业过程中，由于信息的不对称和各种创业因素的不断变

化，创业者对未来风险事件发生与否难以预测，造成了创业风险的不确定性。主要表现在：风险发生的概率的不确定性；风险发生的时间、空间的不确定性；风险产生的损失程度和范围的不确定性。

③ 创业风险的损益双重性。要创业就一定要在风险和收益之间进行抉择和权衡，不能只顾收益而不顾风险的大小，也不能因为害怕风险损失而失去目标。创业风险对于创业收益不只是有负面影响，只要能正确认识并充分利用创业风险，把风险当作一种经营机会，反而会很大程度地增加收益。风险并不一定就代表损失，要敢于承担风险，并战胜风险。机会与损失并存，机遇与挑战同在。

④ 创业风险的可变性。在一定条件下，创业风险会因时空等各种因素的变化而具有可转化的特性。这种转化包括：风险量的增高或降低；风险在一定的空间和时间范围内被消除；新风险的产生等。世界上任何事物都是相互联系、依存和制约的，任何事物都处于变动和变化之中，这些变动和变化必然会引起风险的变化。例如，国家政策的变化、金融危机的爆发、科技的进步等都可能使创业风险因素发生变动。

⑤ 创业风险的相关性。这是指创业者所面临的风险与其创业行为和创业者做出的决策是紧密相连的。同一事件对于不同的人会产生不同的风险；同一创业者根据其做出的决策或采取的策略不同，导致其将要面临的风险结果也会有所不同。

⑥ 创业风险的可测性与测不准性。创业风险的可测性与测不准性一方面是指创业风险是可以通过一定的方法（定性或定量）对其进行评估和测量的，另一方面由于创业投资、创业产品周期与创业产品市场的测不准等因素，造成创业风险的实际结果出现偏离误差范围的情况。

（2）创业风险识别的概念意义　在风险发生之前，创业者依据创业活动的迹象，对企业面对的现实的和潜在的风险，运用各种方法对风险进行辨认和鉴别，是系统地、连续地发现风险和不确定性的过程，这就是创业风险的识别。

例如，某公司没有遵守远期合约风险对冲政策，内部监控不到位，而且存严重漏洞，加之授权审批控制失效，风险管理不集中，管理层风险意识淡薄，在遇见巨大风险时，没有及时采取应对措施来规避风险，导致风险无限量扩大，酿成巨大亏损。

可以看出，企业要合理控制投资比例，限制高风险投资，要制订相应的风险控制方法，内部结构要合理，控制境外衍生品的交易风险，还需要提前制订风险规避的计划。

风险识别是管理一切风险的基础。创业者除了要识别如国家政策的调整、市场供需的变化、行业趋势的发展等显性风险，还要识别当某一形势变化的连锁反应可能带来的半显性风险，同时还要能识别突发事件可能带来的隐性风险。创业风险识别的意义包括：

① 减轻创业的财务负担。创业资金一直是困扰创业者的主要问题之一。大学生作为创业的一个特殊群体，创业时往往没有资金积累，资金实力普遍较为薄弱，现金量不足，收入有限，所以大学生在创业初期，要充分做好市场调研，了解清楚市场行情后再创业，可降低创业风险并减少风险带来的财产损失。

② 有利于创业管理向规范化方向发展。由于大学生创业者普遍存在社会经验不足、精力与能力有限等问题，而各类风险的识别和评估不够准确，管理制度不够健全，因此需要建立一个合理的、完善的、规范的管理体系，使各类风险都明确有人分工负责，逐渐规范内部管理，并形成相应的职能管理体系。

③ 有利于创业者综合素质的提高。创业是个从无到有的过程，存在太多不确定因素，这些不确定性也包括了各种潜在的损失。系统识别和统筹管理这些风险，是创业者能力高低的重要标志之一。

（3）创业风险的成因

① 职业精神和道德秩序的缺失。一个成熟而健康的竞争圈，应该是法律与道义传统、社会行为规范的整体协调，而不是简单地在法律、法规的框架内追求利益。创业者应以道德为约束，以诚信和"三公"为信条，塑造具有中国特色的商业环境和职业精神。

② 决策的独断和无制约。我国的企业家大多是集创业者、所有者、决策者和执行者于一身，董事会形同虚设，下属也是唯命是从。因此，必须建立有独立权力的董事会，制定有效的约束机制和可以量化的指标。

③ 盲目的扩张和多元化。急速的扩张是创业失败的根源之一，国内企业多元化现象普遍存在。

④ 一夜暴富的投机性。想发横财的人，寄希望于"意外"而非"努力"，终究会与成功背道而驰。

⑤ 管理不善，错把"人材"当人才。大学生创业者社会经验不足，企业管理、人力资源管理、财务管理经验更加欠缺，"人材"只是企业的门面，就是那些学历高、颜值高却无法创造高价值的人。而人才则是具有真才实学、能给企业创造巨大财富和价值的人。对待人才，企业应营造一个尊重人才的环境氛围，令人才如鱼得水；对待"人材"，企业要有发展的眼光，要敢于投资和进行技能培训。

⑥ 合伙创业成也合伙，败也合伙。在大学生创业初期，由于资金、经验、人才短缺，合伙能聚合和整合不同的资源。所选择的合伙人的能力结构要互补，角色分配要合理，实力要相当，先小人后君子，亲兄弟明算账，利益分配要合理，管理与被管理的关系要理顺，反之，合伙必将失败。

2. 创业风险识别的常用方法

常见的创业风险识别的方法主要有环境分析法、财务报表分析法、专家调查法等。

（1）环境分析法　创业环境决定着创业的价值观和创业的行为方式。创业宏观环境由自然、政治、社会、经济等环境构成，而创业微观环境由投资者、竞争者、消费者、供应商和政府部门等构成。运用环境分析法，重点是分析环境的不确定性及变化趋势，明确机会与风险，发现企业的优势和劣势，找出这些环境可能引发的风险和损失。

（2）财务报表分析法　财务报表分析法是以企业的资产负债表、利润表以及财务状况等资料为依据，对企业的流动资产、固定资产等情况进行风险分析，以便从财务的角度发现企业面临的潜在风险。报表分析可以为发现风险因素提供线索。这种方法是风险识别的有力手段。

（3）专家调查法　它是通过引用专家的经验、知识和能力，充分发挥专家的特长，对风险的可能性及后果做出估计，是一种重要而又广为应用的风险识别方法。专家调查法通常首先会选择主要的风险项目，从而选聘该领域的专家对可能出现的风险进行评估和评分，然后整理分析专家提出的意见并将结果反馈给专家，再进行第二轮、第三轮评估结果汇总，直到比较满意为止。

5.5.2 创业风险分类

创业者所面临的风险多种多样，不同的风险有着不同的性质和特点，它们形成的过程、发生的条件和对创业者造成的损害也是不一样的。由于大学生创业者的个人条件和面对外部环境的差异，每种风险的具体表现也会有很大的不同。

这就是大学最常见的创业成本，除这种风险之外，简单介绍以下几种常见的创业风险。

(1) 创业意识风险　创业意识风险是指由于创业者自身能力和知识的不足，导致其对创业过程中可能存在风险的可能性意识不够、评估能力和决策能力不强，使企业面临损失的可能性增大。大学生在校期间接受的多是理论教育，实践经验欠缺，创业仅凭个人兴趣爱好，盲目决策，这样的创业无异于空谈，增加了创业风险。

(2) 财务风险　财务风险是指公司财务结构不合理、融资不当、资金不能实时筹集和供应，使公司可能丧失偿债能力而导致预期收益下降的风险。

(3) 技术风险　技术风险是指在技术创新过程中，由于技术方面的因素及其变化的不确定性而导致创业失败的可能性。技术前景、技术创新、技术效果、技术优势、技术寿命、技术上是否可行等因素均存在不确定性。

(4) 管理风险　管理风险是指因创业者管理经验不足、管理体系不健全、管理不善而产生的风险。管理风险的大小主要由管理者素质、决策风险、组织风险三项因素决定。

(5) 行业风险　行业风险是指对相关行业不够了解及一些不确定因素导致对该行业投资、经营、生产或授信后偏离预期结果而造成损失的可能性。行业风险主要是由行业寿命周期、技术革新、政府的政策变化等因素引起的。反映行业风险的因素包括市场集中度风险、成长性风险、周期性风险、产业关联度风险、宏观政策风险和行业壁垒风险等。

(6) 技能风险　刚毕业的大学生，大多还未完全由"学校人"转变为"社会人"，在年龄、阅历、社会经验、心理承受、政策把控能力等方面与社会人相比完全处于劣势。大学生创业基本技能的匮乏，将直接影响创业成功概率。

(7) 市场风险　市场风险是指由于市场情况的不确定性导致创业者或创业企业损失的可能性。例如，市场需求量、市场接受时间、市场价格和市场战略等。

(8) 政策风险　政策风险是指由于国家政策改变而导致创业者或企业蒙受损失的可能性。国家和地方政府采取的政策对其创业的风险度也有一定的影响，如征收个人收入调节税、增加产品税等。

(9) 人力资源风险　人力资源风险主要是指由于人的因素，包括创业者和团队中的主要成员对创业企业的发展产生不良影响或偏离经营目标的潜在可能性。

5.5.3 创业风险来源

创业风险来源于两个方面，一个是与企业或创业者直接相关的风险，一个是其他来源的创业风险。

1. 直接来源

创业环境的不确定性，创业机会与创业企业的复杂性，创业者、创业团队与创业投资者的能力与实力的有限性，是创业风险的主要来源。创业是通过发挥自己的主动性和创造性，将某种想法、理念或技术转化为具体的产品或服务、拓展职业新的活动范围、创造新的业绩的过程。在这一过程中,存在着几个相互联系的缺口,它们是形成上述不确定性、复杂性、有限性的直接影响因素。也就是说,创业风险在给定的宏观条件下,往往直接来源于这些缺口。

(1) 融资缺口 融资缺口主要存在于商业支持和学术支持之间,它是研究基金和投资基金之间存在的一个断层。其中,研究基金通常来自公司研究机构、个人或政府机构,它支持概念可行性的最初证实和概念的创建;投资基金则将概念转化为有市场的产品原型。是否有足够的资金创办企业,能否有足够的资金支持企业运作,是创业初期面临的两个重要问题。

【案例】股东资源无法兑现的承诺

> 青岛某商贸有限公司专做食品、饮料、酒类产品的代理业务,后成为四川某酒厂山东地区的总代理。该商贸有限公司股东之一老刘在公司成立时,曾经许诺自己家族多年经营钢材、铁锭生意,有很多社会关系可用,还许诺今后在公司运作中遇到资金不够的时候,自己可以负责拆借。可出了问题之后,需要用钱时,老刘完全不能实现当时的承诺。接下来,三位股东的矛盾急剧恶化,最终导致该商贸有限公司解体。
>
> 创业团队应懂得利用在企业试运行阶段来考察团队成员对企业的责任感和贡献度,将团队成员的问题暴露出来。如果在企业的经营过程当中,等这些问题出现时再解决,可能为时已晚。

(2) 研究缺口 研究缺口主要存在于依据个人兴趣做出的判断和基于市场潜力的依靠团队研究做出的商业判断之间。在将概念产品真正转化为商业化大量生产产品的过程中,要能从市场竞争中生存下来,仅仅靠创业者的自我认可是不够的,它需具备有效的性能、低廉的成本和高质量的品质,而且需要大量复杂而且可能耗资巨大的、长时间的研究工作,从而形成创业风险。

(3) 信息和信任缺口 在创业中,存在两种类型的人,即管理者(投资者)和技术专家,他们之间的关系如图5-7所示。

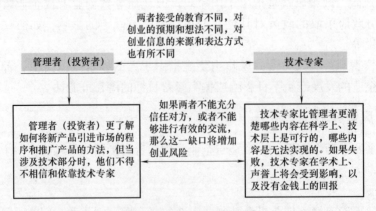

图5-7 两种类型人的关系

(4) 资源缺口 资源与创业者之间的关系就如钢琴与钢琴家之间的关系。没有了钢琴,钢琴家即使有再好的天赋也无法将其演奏出来,创业也是如此。若没有创业所需的资源或资源不足,创业者也无法将项目实现,创业也就是纸上谈兵而已。

在大多数情况下,创业初期,创业者(尤其是大学生创业者)不可能拥有所需的全部资源,这就形成了资源缺口。大学生在大学学习期间进行模拟创业,所利用的社会资源较少,基本由老师和同学提供,但真正步入社会实施创业时,需要大量的社会资源、人财物资源等,如果没能及时弥补相应的资源缺口,那么创业要么无法起步,要么举步维艰,要么受制于人。

(5)管理缺口　管理缺口是指创业者不一定具备丰富的管理经验和出色的管理才能。进行创业活动主要有两种:一是创业者可能是专业技术方面的人才,利用掌握的某一新技术进行创业,但他却不一定具备专业的管理才能,从而形成管理缺口;二是创业者利用某种新颖的、独特的、可行的商业点子进行创业,但在创业过程中,创业者不具备转化、组织、管理的能力,从而形成管理缺口。大学生由于长期接受传统的应试教育,不熟悉社会商场的"游戏规则",一些大学生在校期间可能在专业上出类拔萃,思维活跃点子多、想法多,但是初涉商场,管理、财务、政策、人力资源等各种经验欠缺,会增加创业风险。

【案例】决策失误带来的风险

> 1990年,翔龙集团还只是一个注册资金75万元、职工不过60人的小工厂,而到1994年,翔龙集团的账面利润近2亿元。可以肯定的是,保健品为飞龙带来了巨大的销售收入。
>
> 当时翔龙集团总裁周伟用"一塌糊涂"来形容翔龙的管理。比如,集团的财务部门只管账目不管实际,占用、挪用及私分集团货款的现象比比皆是。与众多的保健品生产企业一样,巨量的广告投入是飞龙占领市场的必要手段,但广告支出无人监管统筹,无效广告泛滥成灾,总部对此调控无力。1995年下半年,国家对保健品市场开始整顿,卫生部对212种口服液进行抽查,合格率仅为30%,这给了一直无序发展着的保健品行业沉重的打击。于是周伟闭门思过,修炼内功,反省出集团的20大失误,头三条赫然是:"决策的浪漫化、决策的模糊性、决策的急躁化。"可见决策失误将给企业带来的切肤之痛。

2. 其他来源

(1)网络诈骗　网络诈骗是指利用互联网以非法占有为目的,采用故意隐瞒真相或者虚构、扭曲事实的方法,骗取数额较大的公私财物的行为。主要方式有假冒好友、网络钓鱼、网络托儿、网银升级诈骗等。尤其是刚毕业的大学生创业时,一定要增强自我防范意识。

(2)融资诈骗　融资诈骗是指行为人采取虚构融资用途,以虚假的证明文件、资质证书等和高回报率的收入作为诱饵,骗取融资款的手段。

(3)网络传销　网络传销是指采用传销方式的"网络创业"。要求创业者投资购买一定金额或数量的产品,以获得产品的代理权与经营权,并进行网络直销,发展下线,拓展团队,获得佣金奖励。大部分这种网上购物团体均需经"老会员"介绍或"老会员"的"熟人""亲戚"才能加入,通常采用"买产品——拉下线——拿提成——下线再拉下线"的模式。很多不法分子看中了大学生缺乏社会经验,法律意识淡薄,以抵押身份证、学生证的方式,将学生发展为下线,使之受控于不法分子,步入歧途。这类案例,很多高校均有出现过。

(4) 加盟欺骗 以"加盟"某品牌为名的网络创业诈骗。在互联网上发布虚假的加盟信息,宣传"欧洲品牌""总部在香港""生产基地在广东"等虚假信息,一旦有人联系或咨询,就向其吹嘘该公司规模如何大、品牌如何知名和产品利润后期回报多高等,并怂恿创业者到招商中心和"样板店"来"实地考察",组织"免费创业培训",在对创业者经过反复"洗脑"后,使创业者对公司的品牌、规模和市场前景深信不疑。最后,要求加盟者交纳加盟费和首批货款等款项。通常,这类诈骗的商家在合同上会标注"可以退货",但不会退还加盟费。当加盟者意识到被骗时,即使向有关部门投诉或举报,最终也只是按照涉及"夸大宣传"的"合同纠纷"来处理,上当的加盟者很难挽回损失。

5.5.4 创业风险评估

创业风险评估是对创业过程中各种风险发生的可能性以及发生之后的损失程度的估计和评价。风险估计主要是对风险事件发生的可能性大小、可能的结果范围和危害程度、预期发生的时间、风险因素所产生的风险事件的发生概率四个方面进行估计。

风险评估主要是应用各种风险评价技术来判定风险影响大小、危害程度高低的过程。风险评估可以采用定量方法,如影像图分析、决策树分析、敏感性分析等,也可采用定性分析方法,如专家调查法、层次分析法等。创业者应针对不同的风险选用不同的方法进行评价,客观对待评价的结果,做好风险预警工作。

1. 创业者承担风险能力的评估

创业者在进行风险识别的过程中,不但要对创业过程进行风险评估,还要对其实际能承担风险的程度进行评估,以采取合理的风险管理方法,减少创业过程中的不确定性。创业者风险承担能力是指创业者所能承受的风险的大小和承受实际亏损的能力。创业者风险承担能力与创业者的个人能力、工作情况、收入情况、家庭情况、自我情绪控制等息息相关。可以从以下四个方面对风险承担能力进行评估。

(1) 计算特定时间段所要承担的风险 从商业构思到创业,再到创业企业的建立,不同阶段的创业风险大小会有所不同。一般来说,随着时间的推移和创业活动的深入,创业者面临的风险会逐步增大。创业者要根据风险的来源及其对创业活动的影响程度,估计出不同时间段可能要承受的风险。

(2) 计算可能用于承受风险的资金 一般来说,创业者的年龄、家庭、经济状况会对创业者用于承受风险的资金产生影响。刚毕业的大学生因为很少有创业资金的积累,其用于承担风险的资金较少;同样,家庭比较困难的创业者,资金比较紧缺,其用于承担风险的资金也比较少。正常情况下,用于承担风险的资金数量和创业者的风险承担能力呈正相关关系。

(3) 从其他渠道取得收入的能力 从其他渠道取得收入的方式越多、能力越强,创业失败造成的损失对创业者的生活水平和情绪的影响就越小,创业者能够用来偿还创业失败所产生的债务的能力也就越强,其风险承担能力就越强。因此,从其他渠道取得收入的能力和创业者的风险承担能力也具有正相关关系。

（4）危机管理的经验　创业者的危机管理能力会影响到创业风险发生时采取的风险抑制措施的效果，从而影响到创业风险损失的大小。危机管理能力越强，风险因素导致风险事件发生并进而可能形成风险损失时，创业者越能及时采取有效的风险防范措施对损失状况进行抑制，避免损失的进一步扩大，减少损失所能产生的危害。所以，创业者的危机管理经验越丰富，其风险承担能力就越强，两者也呈正相关关系。

2. 基于风险评估的创业收益预测

按照风险报酬均衡的原则，风险与报酬成正相关关系，即创业者所承担的风险越大，其所获得的收益也越高。创业者除了对创业过程进行风险评估之外，充分了解自己承担风险的能力之后，创业者还应该能够合理地对创业的收益进行预测，以便将其和所冒的风险相匹配，进行创业的风险收益决策。如果预计的创业收益能够弥补创业风险损失，并给创业者带来一定的报酬，则可以开始从事创业活动，通过建立适当的商业模式，将创业机会变成盈利的创业项目，否则，放弃创业活动。

（1）预测不同情况下的收入与成本状况　创业者要首先根据各种风险发生的概率情况对预期可能形成的收入和成本状况进行评估，进而分析出对收益的影响，来估计不同情况下的收益状况，确定收益变化的范围及其概率。例如，可以根据对未来宏观经济的预期，就经济繁荣、一般和衰退三种情况来预测其对创业过程中产品或服务的销售数量、单价、单位成本等的影响，进而预测可能的销售收入及总成本的情况。创业者如果有能力的话，可以对未来经济环境的变化做出更多可能的预测，而不仅限于以上三种情况。

（2）计算风险收益的预期值　创业者需要按照估计的各种收益发生的概率及对应的收益情况，计算收益的预期值，即

$$预期收益 = 预期收入 - 预期成本$$

$$预期收入 = \sum_{i=1}^{n} V_i P_i$$

式中，V_i 是不同情况下产品或服务的销量；P_i 是不同情况下销售单价。

$$预期成本 = 预期的变化成本 + 预期的固定成本$$

$$= \sum_{i=1}^{n} V_i C_i + F$$

式中，V_i 是不同情况下产品或服务的销量；C_i 是不同情况下的单位变动成本；F 是预期的固定成本。

（3）计算影响收益变化的各种因素的临界值　影响收益变化的各种因素的临界值是假定其他因素不变，令预期收益等于零，计算各个因素的极大值或极小值。例如，可以计算预期收益为零时的最低单价、最小的销售量、最大单位变动成本或最大固定成本总额。一般来说，和收益同向变化的销售量、单价等因素要计算其极小值，成本因素则计算其极大值。

（4）分析最大风险的收益和创业者风险承担能力的匹配性　通过对影响收益的各种因素临界值的计算，创业者可以对各种因素不利变化的极端情况有较为充分的了解，对其可能面临的最大风险予以合理估计，并将其和自己可以接受的最大风险程度以及风险承担能力相权衡，进行科学决策。

5.5.5 创业风险规避

风险无处不在，一旦发生难免会造成损失，因此最有效的办法是能控制风险的发生或将损失降到最小。只要在创业过程中规避一定的风险，就可能带来意想不到的机会和比例不等的收益。风险控制是指通过不同的方法和措施，使因风险产生的损失最小，常用的方法有回避风险、转移风险、损失控制、自留风险和危机公关。

1. 回避风险

回避风险是指对所有可能发生的风险尽可能地规避，以直接消除风险损失。它包括了避开风险的两种方式：先期回避和中途放弃。这两种方式都是基于承担或继续承担风险的成本将大大超过回避的可能费用这一认识。

（1）先期回避　先期回避是最完全彻底的回避，也是较常见的一种回避方式。例如，一家化工企业曾计划在某小镇的郊区进行新产品试验，但这一计划有可能导致该镇居民财产产生巨大损失，因此企业必须购买保险以预防这种可能性，但联系后只有少数保险公司愿意承担，而且保费大大高于公司愿意支付的数额，结果该公司决定取消这项试验计划，回避了赔偿巨大财产损失的风险。

（2）中途放弃　中途放弃不如先期回避那样常见，但这种情形确实存在。例如，某制药企业从报告中得知其所产生的某药品有新发现的严重毒副作用后，立即停止生产该药品。

回避风险具有简单、易行、全面、彻底的优点，能从根本上排除风险来源和风险因素，将风险的概率保持为零，从而保证企业的安全运行，是一种有效的、普遍应用的方法，但也有其局限性。该方法通常用于风险损失程度大、发生频率高的风险，或者应用其他风险控制技术的成本超过其产生的效益时，否则不宜采用。

2. 转移风险

转移风险是指些单位和个人为避免承担风险损失，有意识地将损失或与损失有关的财务后果转嫁给另外单位和个人去承担。转移风险有保险转移和非保险转移两种。

（1）保险转移　保险转移是指向保险公司交纳保险费并同时将风险转移给保险人。在这种转移中，保险人有条件地同意接受由损失引起的财务负担，因此投保人将损失的财务后果转嫁给了保险人。保险能提供有效的损失补偿，分散风险，进行风险控制，起到监督作用。但保险又并非万能的，一般仅适用于只有损失机会而无获利可能，并且可能进行预测的纯粹风险。

（2）非保险转移　非保险转移的受让人不是保险人，而且大部分转移是通过针对其他事项的合同中的条款来实现的。在有关非保险转移的合同中，多数是为了转移财产直接损失或收益损失的财务后果，有些则处理人身损失，大多数是转移对第三者所负的经济责任。一般通过以下两种途径转移风险：

① 转移风险源的所有权或管理权就可以部分或全部地将损失风险转移给他人承担。例如：出售承担风险的财产，同时将与财产有关的风险转移给购买该项财产的经济单位或个人；财产租赁可以使财产所有人将自己所面临的风险部分地转移给租借人；建筑工程中，承包商可以利用分包合同转移风险。

② 通过契约责任转移企业管理人员可以在签订合同中树立转嫁风险意识，将合同标的可能产生的风险，在签订合同中，尽可能转嫁给签订合同的对方。但鉴于风险的关联性，特

别是大型企业涉及面广,协同配合、同步建设、综合平衡等问题很复杂,风险集中,关联性极强,不同风险之间呈现出一定的灾害链,构成相关分布,所以应在签订相关契约时明确提出合约伙伴应用保险这一转嫁工具。非保险转移作为一种风险财务技术,自有它重要的作用,但也有局限性,不能完全依赖这类转移方式。

3. 损失控制

损失控制是指在风险发生时或在损失发生后,为了缩小损失程度所采取的各种措施,其主要是要减少损失发生的机会或降低损失的严重性,使损失最小化。损失控制主要包括损失预防和损失减少两方面。

(1) 损失预防　损失预防是一种事前的、积极的风险控制技术,即采用各种措施努力消除造成风险的一切原因,以达到减少损失发生次数或使损失不发生的目的。损失预防活动是将注意力放在以下几方面。

① 消除或减轻风险因素。
② 改变或改善存在风险因素的环境。
③ 抑制风险因素和环境的相互作用,见表 5-1。

表 5-1　抑制风险因素和环境的相互作用

风 险 因 素	损失预防活动
洪水	建筑堤坝,进行水资源管理
污染	严格实施关于使用和处理污染物质的管理条例
放射性物质	建造适当的屏蔽和容器
烟雾	下达烟雾禁令,没收致烟物质
酒后开车	禁酒驾,实行禁令,监禁
结冰的人行道	铲除、撒盐、加热走道

由表 5-1 可以看出,所有那些损失预防活动无不针对具体原因找出隐藏在事物背后的危险因素,采取相应的预防措施,这样才能有效地控制风险,防止损失的产生。

(2) 损失减少　损失减少是一种事后的风险控制技术,它试图通过一系列措施来降低损失的严重程度,使发生损失的影响减到最小。它和损失预防对策不同,更关注的是风险的结果和后果。

一种广泛采用的损失减少的方法是"挽救",完全损失的情况是较少发生的,因此可以采取挽救措施尽可能减少损失。例如:一座被水淹过的物资仓库,可能有某些存储品经干燥等有关技术处理后仍可投入使用;一片被冰雹损毁了作物的农田,经过抢种、补种仍有可能获得收成。这些都是挽救措施的例子。

4. 自留风险

自留风险是指企业既不回避也不转移风险,而自行承担风险及损失发生后的直接财务后果。自留是处理风险最普遍的方法,以这种方式处理风险并不是因为没有其他的处置办法,而是出于经济性的考虑。该方法主要应用于风险发生概率低、风险损失程度小的风险的控制。

自留可能是有意识的,也可能是没有意识的;可能是有计划的,也可能是无计划的。当创业者未意识到风险的存在,或低估了潜在损失的严重性,因而未做风险处理准备时,自留风险是被动的，它必然会对企业产生不利的影响，因而必须避免被动自留风险，而采取主动自留风险。企业选择自留风险作为风险控制的措施通常有以下几种情况：

（1）不可保风险　有些风险是不可保的，如地震、洪水等，在这种情况下，企业采取自留风险的管理措施往往是出于无奈。

（2）与保险公司共同承担损失　例如，保险人规定一定的免赔额，以第一损失赔偿方式进行赔偿，采用共同保险的方式作为一定的补偿，保险人会让渡部分保险，也就是收取比较低的保险额。

（3）企业自愿选择自留的方式承担风险　对于某种风险，企业认为自留风险较之投保更为有利。企业通常考虑的因素有：企业自留风险管理费用小于保险公司的附加保险；企业预计的期望损失小于保险公司预计的期望损失；企业自留的机会成本比投保的机会成本大。

5. 危机公关

危机公关是指应对危机的有关机制，它具有意外性、聚焦性、破坏性和紧迫性。危机公关具体是指机构或企业为避免或者减轻危机所带来的严重损害和威胁，从而有组织、有计划地学习、制定和实施一系列管理措施和应对策略，包括危机的规避、控制、解决以及危机解决后的复兴等不断学习和适应的动态过程。危机公关对于国家、企业、个人等都具有重要的作用。

（1）危机公关的主要特点

① 突发性。危机爆发的具体时间、实际规模、具体态势和影响深度是始料未及的。

② 聚焦性。进入信息时代后，危机的信息传播比危机本身发展要快得多。媒体对危机来说，就像大火借于东风一样。

③ 破坏性。由于危机常具有"出其不意，攻其不备"的特点，不论什么性质和规模的危机，都必然不同程度地给企业造成破坏、混乱和恐慌，而且由于决策时间以及信息有限，往往会导致决策失误，从而带来无法估量的损失。

④ 紧迫性。对企业来说，危机一旦爆发，其破坏性的能量就会被迅速释放，并呈快速蔓延的态势，如果不能及时控制，危机会急剧恶化，使企业遭受更大损失。

（2）危机公关的准备阶段

① 根据危机影响程度，迅速建立危机管理小组，组成人员包括决策负责人、公关部经理、人事部经理、保卫部经理等。危机严重时，要由企业一把手挂帅。

② 危机小组首先要明确问题，并通过各种方法挖掘危机爆发的缘由。

③ 危机小组要安排调查，深入现场，了解事实，并尽快做出初步报告。

④ 危机小组要制定或审核危机处理方案、方针及工作程序，尽快遏制危机的扩散。

⑤ 危机小组要统一信息发布口径，制定新闻发言人制度，一个声音对外。

⑥ 危机小组还要决定是否聘请外部专业公关人员来协助处理危机公关事件。

（3）危机处理阶段

① 危机发生后，从组织内部的各层管理人员一直到员工都应尽快得到组织危机应对事件的材料，并进行相应的学习。

② 在处理事件的过程中要就事论事，实事求是。

③ 妥善做好善后处理。

④ 开放现场或组织专门参观，运用参观活动来协助危机解决。可邀请消费者参观，让

消费者亲身体会产品确实可以放心安全地使用。

(4) 重塑企业组织形象阶段

① 一般而言，在危机公关过后，企业一般会采用低价促销的策略，先确保销量，即使有利润的损失。

② 根据社会发展的不同情况，多做社会公益活动，如捐建希望小学、大灾难时捐款捐物等，树立良好的企业形象。

【案例】高露洁的危机处理

高露洁棕榄是全球顶尖的消费品公司之一，已有200多年的历史，公司在口腔护理、个人护理等方面为大众提供高品质消费品，其中高露洁是广大消费者耳熟能详的全球著名品牌之一。

2005年4月13日，美国弗吉尼亚理工学院暨州立大学向新闻界介绍了该校教授皮特·维科斯兰德的研究成果：很多抗菌香皂中包含的抗菌化学成分三氯生会和自来水中的氯发生反应，产生挥发性物质三氯甲烷，而三氯甲烷被美国环保署列为可能的人类致癌物。

2005年4月15日，英国记者马可·普里格根据皮特·维科斯兰德的观点写出了《牙膏癌症警告》一文。该文章的主题是"十几种超市出售的牙膏今天成为癌症警告的焦点"。并有调查发现，包括高露洁等品牌在内的数十种超市商品均含有三氯生，而玛莎百货正在撤出所有含三氯生的商品。

各家媒体纷纷炒作，均在显著位置发布高露洁可能致癌的消息。

2005年4月18日，针对一些媒体关于高露洁牙膏可能含有致癌成分的报道，高露洁牙膏的生产商广州高露洁棕榄有限公司发表声明称："高露洁全效牙膏已经由全球各相关权威机构审查与批准。"并表态：目前公司不会收回中国市场上的高露洁牙膏，必要的时候会给媒体一个答复。

2005年4月19日，皮特·维科斯兰德在接受相关媒体采访时说，许多媒体对他的观点纯属断章取义。他没有说，也没想给谁一个结论，说抗菌化学物质是潜在的危险和值得引起健康关注。他说，英国玛莎百货把有些牙膏下架，显然是对他最近研究成果的过度反应。他认为，人们跳过了他的结论，现在没有担心的必要。

虽然有了解释，但是高露洁有致癌嫌疑的消息让消费者恐慌。高露洁牙膏销量明显下降，甚至有人开始退货。许多网站发起了网上调查。截至2005年4月20日凌晨0时15分，共有60025人参加了网上调查，其中54118人表示将不再购买高露洁牙膏，仅5907人愿继续使用该产品。这说明，不少网民对高露洁的信任几乎降至冰点；88.4%的网民过去信任高露洁品牌，但是现在愿意使用该品牌牙膏的网民仅占9.84%。

2005年4月21日，《南方周末》发布《高露洁致癌事件调查：谁制造了牙膏信任危机》，称所谓"高露洁致癌事件"，其实是由于媒体信息传递失真而制造的一起"公共卫生危机"。

2005年4月27日，高露洁棕榄公司副总裁康逸安及亚太区总裁高仕亚等一行紧急赶到中国。高露洁对"牙膏致癌"传言正式对外界做出回应。召开新闻发布会，接受150多家新闻媒体的拷问。高露洁在中国的制造商广州高露洁棕榄有限公司董事长方宝惠表示，"高露洁全效"牙膏是全世界经过最广泛测试和评估的牙膏，全世界超过30家独立的牙医协会都盖章认证了该品牌牙膏的安全性，消费者完全可以放心使用。在发布会现场，康逸安等带来了皮特·维科斯兰德教授的澄清录音。皮特·维科斯兰德表示，媒体错误地报道和过度地反应，造成了不必要的恐慌，他的实验室研究根本没有涉及牙膏，或提出任何对高露洁牙膏使用安全性的担心。至此，高露洁事件落幕。

高露洁事件虽然在刚刚爆发时让消费者恐慌，使高露洁牙膏销量明显下降，甚至有人开始退货。但是，由于高露洁牙膏较为迅速地做出了反应，较为成功地处理了这次危机，并且始终坚持自己的品质没有问题，很好的消除了消费者心中的恐慌和对品牌不信任，同时降低了消费者对此事的关注度，维护了企业形象，重新挽回了很多消费者对高露洁的信任。

在企业发展过程中，难免遭遇到各个方面的危机事件让企业陷于危难之中。这也是对企业管理者能力的一次严峻考验。企业的优秀，不仅仅体现在日常的发展中，更体现在危机的处理中，高露洁的危机公关虽然还有不足之处，但它绝对是一次值得其他企业借鉴的、较为成功的危机公关处理案例。

5.5.6 风险承担能力和收益预估

1. 创业者风险承担能力

人是创业过程中最重要的因素，创业团队的特质是区别于其他人群。暨南大学创业学院研究了创业者的51START素质模型，如图5-8所示。

图5-8 暨南大学创业学院51START创业者素质模型图

从图5-9可以看出，51START创业者素质模型中包括了强烈的冒险特质、成功欲望、创造性、高挫败率心理准备度以及行动感。

暨南大学创业学院提出的51START，其中的每个字母都包含了作为创业者需要具有的特质，如图5-9所示。

51START模型提供了衡量创业者风险承担能力的标准，按照每个字母所代表的特质，对创业者进行逐项评分，见表5-2。

S: Stand up & Spirit　　自立和勇气

T: Transform & Trend　　变革和趋势

A: At once & Action　　果断和行动

R: Risk & Responsibility　　风险和责任

T: Track & Target　　追逐和梦想

图 5-9　暨南大学创业学院 51START 释义

表 5-2　51START 创业者风险承担能力评估

维　度		衡　量　标　准	评分 6 分及格 9 分优秀 10 分卓越
S	自立和勇气	具有自立门户的一项本领（包括但不限于能力或技术、创意等），并拥有面对失败的决心	
T	变革和趋势	拥有强烈的变革愿望，并能敏锐洞察到希望变革领域的趋势	
A	果断和行动	能在两难、多难的情形下果断决策并快速行动，并始终保持卓越的行动意愿与执行力	
R	风险和责任	在面对重大而不确定的情形下敢于冒险，在出现问题与危险时，仍然愿意兑现承诺，即使这种承担会导致自身利益的损失	
T	追逐和梦想	创造或拥有一个梦想，并善于描绘愿景，同时引领团队共同追随	
			平均分： 最低分： 最高分：

根据最后的三项得分，我们可以对创业者的风险承担程度进行等级划分，见表 5-3。

表 5-3　51START 创业者风险承担等级评估

创业者风险承担等级	三项得分标准			说　明
	平　均　分	最　低　分	最　高　分	
1 级，很差	低于 6 分	有低于 4 分项	没有 9 分项	三项是或者关系，任何一项匹配，都表示风险承担等级为 1 级
2 级，欠缺	不低于 6 分	不低于 5 分	至少 1 项 8 分	
3 级，合格	不低于 7 分	不低于 6 分	至少 1 项 9 分	
4 级，优秀	不低于 8 分	不低于 7 分	至少 1 项 10 分	
5 级，卓越	不低于 9 分	不低于 8 分	至少 2 项	

从表 5-3 可以看出，如果一个创业者的平均分不低于 7 分，同时没有任何一项评分低于 6 分，而且至少有一项最高分为 9 分以上，我们视其为合格的创业者，或者说其拥有足够的风险承担能力。

2. 创业收益评估

在创业过程中，如果开发的产品没有商业价值，对于投资者来讲就是无收益的，创业团队的项目在开发阶段就可能中断。而当产品开发到一个初始价值临界点时，就可以转换成本，投资者开始见到收益，因此，创业收益的评估，其实就是创业产品能否按时达到一个初始价值临界点的评估。

从图 5-10 可以看出，在产品的概念阶段创业成本开始投入，并随着立项、开发的深入，创业成本的投入逐渐增大，在到达产品拐点之前，会经历断崖高危期，这对创业团队来说是一个相当黑暗、没有希望、焦灼不安的时期，一是因为创业的成本一直在投入；二是产品在开发过程中遇到的问题会积累得越来越多，并随之牵连到其他的一些问题，例如管理问题、资金问题、士气问题等。如果创始人能安然带领创始团队度过断崖高危期，产品拐点就会出现，产品拐点的出现并不意味着商业价值的出现，而是整个创业团队经历断崖高危期的身心历练、互相磨合，已经让产品开发走上了一个比较顺利的阶段，同时产品在概念、功能、定位上，也得到了更加符合市场预期的修正，同时得到了团队坚定的认同。

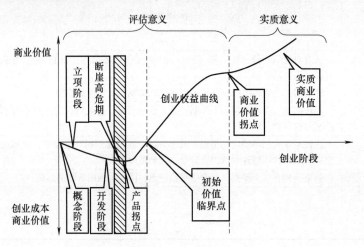

图 5-10　创业收益曲线

产品拐点出现后，创业成本虽然还在持续投入，但产品价值已经可以评估，并处于上升趋势，因此收益曲线开始上行，直到投入的成本与产品价值相当，收益为 0，即到达初始价值临界点。

初始价值临界点在收益曲线上为 0，表明投入成本已经可以收回，如果开发阶段投入 100 万元，表明在初始价值临界点上的价值评估不低于 100 万元。

收益曲线从初始价值临界点持续上行会到达商业价值拐点，这个阶段会非常顺利而快速。在此阶段，创业进程每推进一步，其商业价值的评估都有可能倍增。

在商业价值拐点之后，才到达实质性的商业价值阶段，这个阶段中创业将迎来真正实质性的收益。而在商业价值拐点之前，都是评估意义上的收益，其实还是在持续投入，而拐点之后，就可以转换为真正的商业收益了。

从广义的创业成功来讲，只要创业产品到达初始价值临界点，都不算失败，因为可以收回创业成本。但是，只有创业产品到达商业价值拐点，才算成功，因为这个点之后才有实质性的商业收益。而在初始价值临界点与商业价值拐点之间，我们称为创业议价区间，一方面创业者可以按一个合理的倍数转让、卖掉创业产品；另一方面创业者也可以在这个区间与不同的外部投资者进行沟通谈判，奠定一个新的发展格局。当然，即使全部卖掉，我们仍然可视为一次成功的创业。

【扩展阅读】张弼士与张裕葡萄酒

清朝时期,有一个闻名天下的富翁,他就是中国的葡萄酒之父、烟台张裕酒厂创始人张弼士。1869年,他的资产达到8000万两白银,比当时清政府一年的收入还多。1892年,张弼士创办中国第一家葡萄酒厂——烟台张裕酒厂,应该说纯属偶然。

1871年,张弼士到法国驻巴城领事馆做客。法国领事用法国葡萄酒款待他,并对他说:"此酒用法国波尔多地区盛产的葡萄酿造,如用中国山东烟台所产的葡萄酿造,酒色也不逊色。"张弼士奇怪地问他如何得知?法国领事回忆说:"第二次鸦片战争时期,他曾随法军进驻烟台,那里满山生长着野生的葡萄。宿营期间,士兵们曾经私自采摘酿酒,味道香醇。当时,有些苦于征战的法国士兵甚至有过梦想,战后留在这里办公司,专做葡萄酒生意。"说者无意,听者有心。于是,张弼士把这件事情牢牢地记在心里。

1891年,张弼士借到烟台商讨兴办铁路事宜的机会,全面实地对烟台的葡萄种植和土壤水文情况等进行了考察,认定烟台确实是葡萄生长的天然良园,遂决定在此进行投资办厂。次年,他斥资300万两白银,成立了张裕葡萄酿酒公司。

为建原料基地,张弼士在烟台购买了两座荒山,劈山造田,建成了3000亩的葡萄园。同时,派侄子张子章到欧洲购买120万株优良品种的葡萄苗。第一次购买的葡萄苗由于在运输途中被烈日曝晒都枯死了,这使张弼士一下子就损失了十几万两白银。张弼士很痛心,但并没有灰心,他鼓励侄子再去买120万株葡萄苗回来!

一边调拨大量白银办厂,一边积极地开展攻关活动:与通商新政中红极一时的盛宣怀和李鸿章来往密切;献银30万两以贺慈禧太后大寿。后来,清廷赏给他头品顶戴——太仆寺正职。于是,张弼士摇身一变,成为清廷倚重的红顶商人。"张裕"也在1895年得到了李鸿章的亲自批示,酒厂享有免税3年、专利15年的特殊待遇,一时间"张裕葡萄酿酒公司"气势如虹。作为精明的商人,他慧眼识人,任命精明干练的侄子张成卿为"张裕"首任总经理。

果然,张成卿不负众望,筹建、生产、经营都干得有声有色。1894年,张成卿还主持修建了"张裕"的百年地下大酒窖。而张弼士的另一个侄子张子章则被培养成为中国第一代掌握现代科技酿造葡萄酒工艺的大师。

在1915年的巴拿马太平洋万国博览会上,张弼士与张裕葡萄酿酒成了世人瞩目的焦点,可谓风光出尽。"可雅白兰地""红葡萄""雷司令"和"琼瑶浆"一举荣获最优等奖和4枚金质奖章。中国商品首次在国际上获此殊荣。

当75岁的张弼士捧起红绸裹着的金质奖章时,老泪纵横。他无限感慨地说:"我终于如愿以偿,酿出了世界上最好的美酒!"

张弼士的成功在于他有想法,他的成功是有想法+有心,能够抓住机遇获得了成功。创业难就难在缺乏梦想和缺乏处处留心抓机遇上。

附录
国家政策中有关大学生创业的内容

随着大学生就业压力的增加，自主创业成为越来越多大学生的选择，国家也出台了越来越多的政策支持大学生创业。

1. 民办企业"三证合一"

深化商事制度改革，进一步落实注册资本登记制度改革，坚决推行工商营业执照、组织机构代码证、税务登记证"三证合一"登记制度和统一社会信用代码方案，实现"一照一码"。

2. 注册企业场所可"一址多照"

放宽新注册企业场所登记条件限制，推动"一址多照"、集群注册等住所登记改革。

3. 推进创客空间等孵化模式

总结推广创客空间、创业咖啡、创新工场等新型孵化模式，加快发展市场化、专业化、集成化、网络化的众创空间，实现创新与创业、线上与线下、孵化与投资相结合，为创业者提供低成本、便利化、全要素、开放式的综合服务平台和发展空间。

4. 众创空间税收优惠

落实科技企业孵化器、大学科技园的税收优惠政策，对符合条件的众创空间等新型孵化机构适用科技企业孵化器税收优惠政策。有条件的地方可对众创空间的房租、宽带网络、公共软件等给予适当补贴。

5. 创业担保贷款提高额度

将小额担保贷款调整为创业担保贷款，针对有创业要求、具备一定创业条件但缺乏创业资金的就业重点群体和困难人员，提高其金融服务可获得性，明确支持对象、标准和条件，贷款最高额度由针对不同群体的5万元、8万元、10万元不等统一调整为10万元。鼓励金融机构参照贷款基础利率，结合风险分担情况，合理确定贷款利率水平。对个人发放的创业担保贷款，在贷款基础利率基础上上浮3个百分点以内的，由财政给予贴息。

6. 整合发展就业创业基金

整合发展高校毕业生就业创业基金，完善管理体制和市场化运行机制，实现基金滚动使用，为高校毕业生就业创业提供支持。

7. 税收减免

高校毕业生等重点群体创办个体工商户、个人独资企业的，可依法享受税收减免政策。毕业年度内高校毕业生从事个体经营，在3年内以每户每年8000元为限额依次扣减当年应缴纳的营业税、城市维护建设税、教育费附加、地方教育附加和个人所得税,限额标准最高可上浮20%。

8. 优先转移科技成果

鼓励利用财政性资金设立的科研机构、普通高校、职业院校,通过合作实施、转让、许可和投资等方式,向高校毕业生创设的小微企业优先转移科技成果。

9. 支持举办创新创业活动

支持举办创业训练营、创业创新大赛、创新成果和创业项目展示推介等活动,搭建创业者交流平台,培育创业文化,营造鼓励创业、宽容失败的良好社会氛围,让大众创业、万众创新蔚然成风。对劳动者创办社会组织、从事网络创业符合条件的,给予相应创业扶持政策。

10. 大力加强创业教育

把创新创业课程纳入国民教育体系。《国务院办公厅关于深化高等学校创新创业教育改革的实施意见》(国办发〔2015〕36号)从健全创新创业教育课程体系、创新人才培养机制、改进创业指导服务等9个方面促进大学生创新创业。

参 考 文 献

[1] 李峰.创业教育［M］.北京：高等教育出版社，2009.
[2] 李志宏，王明义.创业成功学［M］.西安：陕西旅游出版社，2010.
[3] 尚志平.职业指导与创业教育［M］.北京：高等教育出版社，2011.
[4] 杨云晖.当个好老板［M］.北京：石油工业出版社，2000.
[5] 吴兵.创业军规［M］.海口：南方出版社，2009.
[6] 吴光伟，等.教你创业第一步［M］.长春：吉林人民出版社，2007.
[7] 唐宏伟.我要当老板［M］.北京：企业管理出版社，2010.
[8] 高媛.中小企业成败案例［M］.北京：企业管理出版社，1999.
[9] 陈德智.创业管理［M］.北京：清华大学出版社，2001.
[10] 李丹.创业的智慧［M］.北京：北京工业大学出版社，2014.
[11] 英涛.第一桶金：改变命运的 68 个创业传奇［M］.北京：中国纺织出版社，2014.